NAPOLEON
HILL

AUF DER STRASSE DES ERFOLGS

AUF DER STRASSE DES ERFOLGS

Wie Sie die Prinzipien aus
Think and Grow Rich
erfolgreich in Ihrem Leben umsetzen

NAPOLEON HILL

FBV

Bibliografische Information der Deutschen Nationalbibliothek:
Die Deutsche Nationalbibliothek verzeichnet diese Publikation in der Deutschen Nationalbibliografie. Detaillierte bibliografische Daten sind im Internet über http://dnb.d-nb.de abrufbar.

Für Fragen und Anregungen:
info@finanzbuchverlag.de

1. Auflage 2019

Nymphenburger Straße 86
D-80636 München
Tel.: 089 651285-0
Fax: 089 652096

Die englische Originalausgabe erschien 2011 unter dem Titel *Napoleon Hill's Road to Success*, herausgegeben von der Napoeon Hill Foundation.
Bei dieser Ausgabe handelt es sich um die Übersetzung der mit einem Vorwort von Don M. Green versehenen Fassung, erschienen 2016 bei TarcherPerigee, einem Imprint von Penguin Random House.

Übersetzung: Petra Pyka
Redaktion: Anne Horsten
Umschlaggestaltung: Pamela Machleidt
Umschlagabbildung: shutterstock/ID1974
Satz: Daniel Förster, Belgern
Druck: CPI books GmbH, Leck
Printed in Germany

ISBN Print 978-3-95972-210-0
ISBN E-Book (PDF) 978-3-96092-388-6
ISBN E-Book (EPUB, Mobi) 978-3-96092-389-3

INHALT

GELEITWORT

von Don M. Green
Geschäftsführer der Napoleon Hill Foundation

Haben Sie sich je gefragt, warum manche Menschen Erfolg haben und andere nicht? Diese entscheidende Frage hat sich Napoleon Hill bereits als Kind gestellt und sein Leben lang nach einer Antwort darauf gesucht. Wie keiner vor ihm ging er der Frage nach, warum den einen Erfolg beschieden ist, Millionen anderen dagegen nicht.

Oliver Napoleon Hill wurde 1883 im entlegenen Bergland Südwest Virginias geboren. In seiner Kindheit deutete nichts darauf hin, dass er einst Erfolg haben würde. Der in einer Blockhütte geborene Hill sagte einmal: »Seit drei Generationen waren meine Leute in Unwissenheit und Armut hineingeboren worden, hatten darin gelebt und gekämpft und waren gestorben, ohne je aus ihren Bergen hinauszukommen.«

Verglichen mit den Großstädten im Osten des Landes war das Leben dort äußerst bescheiden. Die Lebenserwartung war gering, die Sterblichkeit hoch. In ländlichen Gegenden litten viele Einwohner Virginias an chronischen Krankheiten, oftmals verursacht durch schlechte Ernährung.

Es bestand offensichtlich wenig Grund, Hill größere Erfolge zuzutrauen, als der Zehnjährige seine Mutter verlor. Sie verstarb mit nur 26 Jahren, und ein Jahr später heiratete Hills Vater wieder – ein

Wendepunkt im Leben des Jungen. Seine Stiefmutter Martha Ramey Banner, Arzttochter und Witwe eines Schulleiters, war eine gebildete Frau. Sie erkannte in ihm ein Potenzial, das zuvor noch niemandem aufgefallen war. Früh überredete sie ihn, statt zur Waffe zur Schreibmaschine zu greifen, und brachte ihm bei, wie er damit umzugehen hatte. Auf dieser Schreibmaschine tippte Hill schon mit 15 Jahren Artikel, und sie sollte ihm im Leben unschätzbare Dienste leisten.

Abgesehen von den größeren Städten und Metropolen war das Schulwesen in Virginia damals in einem kritischen Zustand. In der Bergregion waren Grundschulen nur vier Monate im Jahr in Betrieb. Eine Schulpflicht bestand nicht. Weiterführende Schulen gab es kaum – nur rund hundert im gesamten Bundesstaat, und sie boten gewöhnlich nur zwei- oder dreijährige Ausbildungen an. Als Hill 20 Jahre alt war, gab es in ganz Virginia nur zehn vierjährige Highschool-Programme. Dass er trotz solcher Rahmenbedingungen so erfolgreich werden und Millionen von Menschen in aller Welt beeinflussen würde, war eine erstaunliche Leistung.

Hill spricht in seinen Artikeln, Büchern und Vorträgen oft von seiner frühen Kindheit. Seine Erinnerungen an diese Zeit waren überwiegend negativ. Kein Wunder, dass er im Zuge seines Werdegangs immer viel übrig hatte für Menschen, die sich aus bescheidenen Verhältnissen hochgearbeitet hatten.

Nachdem er in Wise, Virginia, ein zweijähriges Highschool-Programm abgeschlossen hatte, visierte Hill eine Managementkarriere an. Er besuchte ein betriebswirtschaftliches College im nahen Tazewell und belegte Kurse, die ihn auf Sekretariatsaufgaben vorbereiteten, um sich so für die Geschäftswelt zu rüsten.

Dann beschloss Hill, sich bei einem der erfolgreichsten Männer in den Bergen Südwest Virginias um eine Stelle zu bewerben. Nach eigenen Angaben bot er seinem künftigen Arbeitgeber an, diesen in der Probezeit dafür zu bezahlen, dass er bei ihm arbeiten durfte.

Hills neuer Arbeitgeber war General Rufus Ayers, seinerzeit eine der reichsten und erfolgreichsten Persönlichkeiten in der Region. Kein Wunder, dass Napoleon Hill, der zeit seines Lebens von Armut und Ignoranz umgeben war, für General Ayers arbeiten wollte. Nachdem Hill seine betriebswirtschaftliche Ausbildung abgeschlossen hatte, schrieb er Ayers: »Ich habe gerade mein Studium der Betriebswirtschaftslehre beendet und bringe alle Kompetenzen mit, die ich als Ihr Sekretär benötige – eine Stelle, für die ich mich brennend interessiere. … Da ich noch keine Berufserfahrung habe, ist mir klar, dass meine Arbeit bei Ihnen für mich anfangs mehr Wert haben wird als für Sie. Ich bin daher bereit, für das Privileg, bei Ihnen zu arbeiten, zu bezahlen. … Sie dürfen mir einen Betrag berechnen, den Sie für angemessen halten – unter der Voraussetzung, dass mir dieser Betrag nach Ablauf von drei Monaten als Gehalt gezahlt wird. Die Summe, die ich Ihnen schulde, können Sie von Ihren Zahlungen in Abzug zu bringen, sobald ich in Lohn und Brot stehe.«

Ayers stellte den jungen Napoleon ein. Dieser kam morgens zeitig, blieb abends lange und erbrachte bereitwillig »stets unbezahlte Mehrleistungen«. Diese Einstellung sollte zu einem seiner Erfolgsgrundsätze werden.

Ayers hatte genau den Hintergrund, der Hill gut zupass kam, als er mit seiner Analyse erfolgreicher Persönlichkeiten und der Grundlage ihres Erfolgs begann. Als junger Mann hatte Ayers im Sezessionskrieg bei den konföderierten Truppen gekämpft. Nach dem Krieg hatte er in einem Kaufmannsladen gearbeitet und Jura studiert. Im Rechtswesen machte er Karriere und diente dem Bundesstaat Virginia als Generalstaatsanwalt. Außerdem hatte er auch als Geschäftsmann Erfolg. Er baute Banken auf, betrieb Kohlebergwerke und setzte andere geschäftliche Projekte um. Ayers brachte Hill auf die Idee, Jura zu studieren und Anwalt zu werden.

Hill überzeugte seinen Bruder Vivian, wenn er erst an der Georgetown University eingeschrieben sei, könne er, Hill, mit seiner Leidenschaft fürs Schreiben ihnen beiden das Studium finanzieren.

Die Informationen, die er zusammentrug, bildeten seine Lebensgrundlage: Er schrieb und sprach über seine Erkenntnisse bezüglich persönlicher Leistungen. Seine Einsichten flossen in das achtbändige Werk *Law of Success* ein, das er 1928 veröffentlichte, und in *Think and Grow Rich*,* das 1937 erschien – der meistverkaufte Ratgeber aller Zeiten. Das vorliegende Buch enthält die Erkenntnisse zum Thema Erfolg, die Hill vor der Veröffentlichung seines ersten Buches niedergeschrieben hat. Bekanntlich sprach Hill 1908 mit Andrew Carnegie, doch sein erstes Buch erschien erst 20 Jahre später.

In diesen 20 Jahren schrieb Hill über seine Prinzipien und hielt Vorträge und Seminare dazu. Außerdem veröffentlichte er seine eigenen Zeitschriften, *Napoleon Hill's Magazine* und *Hill's Golden Rules Magazine*. Dieses Buch beinhaltet Artikel aus diesen Zeitschriften und vermittelt unschätzbare Erkenntnisse über Hills Frühwerk. Ob Sie seine berühmten Bücher gelesen haben oder erstmals mit seinen Schriften in Berührung kommen – Sie werden wertvolle Erkenntnisse gewinnen, die Ihnen im Leben weiterhelfen.

Hill fand eine Anstellung bei *Bob Taylor's Magazine*. 1908 wurde er damit beauftragt, nach New York zu fahren und Andrew Carnegie in seiner 64-Zimmer-Residenz zu interviewen. Carnegie war als junger Mann mit wenig Schuldbildung in die Vereinigten Staaten gekommen. Durch harte Arbeit und geschickte Investitionen hatte er schon früh Millionen verdient. Der Gründer von U.S. Steel war 74 Jahre alt, als Hill ihn interviewte. Als er 1919 starb, hatte er 350 Millionen Dollar aus dem Verkauf von U.S. Steel gespendet.

---

* *Think and Grow Rich – Deutsche Ausgabe: Die ungekürzte und unveränderte Originalausgabe von Denke nach und werde reich von 1937*, München (FinanzBuch Verlag), 2018.

Carnegie sprach mit Hill über die Voraussetzungen für Bestleistungen. Bei dieser Gelegenheit forderte er Hill auf, mit besonders erfolgreichen Menschen zu sprechen und ihre Biografien zu studieren, um aus den daraus gewonnenen Erkenntnissen Grundsätze zu entwickeln, die anderen dabei helfen könnten, sich selbst zu helfen und ihre Träume zu verwirklichen.

Carnegie führte Hill bei Leitfiguren ihrer Zeit ein wie John D. Rockefeller, Thomas Edison, Henry Ford und George Eastman. Sie werden bald verstehen, warum Hills Werk weltweit solche Popularität genießt und die aktuelle Selbsthilfebewegung stärker beeinflusst hat als jedes andere in der Geschichte.

VORWORT

Im Jahr 1908 interviewte der junge Autor Napoleon Hill den U.S.-Steel-Gründer Andrew Carnegie und nahm die Herausforderung an, erfolgreiche Persönlichkeiten zu analysieren. Carnegie erklärte Hill, »eine Erfolgsphilosophie würde auch anderen zum Erfolg verhelfen«. Hill übernahm gerne diesen auf 20 Jahre angelegten Auftrag, die Erfolgsphilosophie zu entwickeln und zu lehren. In einem seiner Vorträge merkte er übrigens an, als Carnegie ihm von der Erfolgsphilosophie erzählt habe, sei er in die Bibliothek gegangen, um den Begriff *Philosophie* nachzuschlagen.

1910 lebte Hill in Washington D.C. und bekam den Auftrag, nach Detroit zu fahren, um Henry Ford zu interviewen, den Gründer der Ford Motor Company. Letzterer hatte die Massenproduktion eingeführt und seine Autos für die Arbeiterklasse erschwinglich gemacht. Während Hill im Interview im Grunde versuchte, sich bei Ford gut zu verkaufen, tat der Firmenboss seinerseits alles, um Hill ein Auto zu verkaufen – und zwar so erfolgreich, dass Hill tatsächlich einen Ford für 575 Dollar erstand und damit nach Hause fuhr. Das Geld dafür stammte vermutlich von seiner jungen Braut, deren wohlhabende Eltern aus West Virginia ihr eine Mitgift gezahlt hatten.

Nach dem Interview gründete Hill in Washington das Automobile College of Washington, das Schüler lehrte, Autos zu verkaufen. Sein Leben lang behielt er ein Faible für Autos. Da er in einer ländlichen Gegend aufgewachsen war, wo sich nur sehr wenige Leute ein Auto leisten konnten, war ein Pkw für Hill wie für die meisten

Menschen ein eindeutiges Zeichen für Wohlstand. Als seine ersten Bücher veröffentlicht wurden, zahlte er 25.000 Dollar für einen Rolls-Royce – damals eine schöne Stange Geld. Hills früher Wunsch, Schriftsteller zu werden, und seine Faszination für Autos flossen in seinen Artikeln zusammen.

In seiner Autobiografie, *A Lifetime of Riches*, schrieb der Autor, er sei »wie Millionen anderer Amerikaner, die in bescheidene oder ärmliche Verhältnisse hineingeboren wurden«, prädestiniert, Männer zu bewundern wie Thomas Edison, der die Glühbirne, den Phonografen und Hunderte anderer Neuerungen erfunden hatte, oder Andrew Carnegie, der wie Edison über wenig Schulbildung verfügte, jedoch U.S. Steel gegründet hatte, oder Henry Ford, der die Ford Motor Company aufgebaut hatte, oder Dutzende anderer, die es aus eigener Kraft weit gebracht hatten – und zwar mit an Verehrung grenzender Leidenschaft. Er war förmlich besessen von seinem Interesse an Menschen, die Erfolg hatten, während andere scheiterten. Hill träumte davon, diese Größen persönlich kennenzulernen, um von ihnen zu hören, wie sie ihre unglaublichen Leistungen zuwege gebracht hatten.

Doch anders als die meisten anderen Bewunderer sollte Napoleon Hill seine Träume verwirklichen. Er begegnete den erfolgreichsten Amerikanern nicht nur persönlich und beeindruckte sie, sondern er verbrachte sein gesamtes Leben damit, ihre Erfolgsgeheimnisse zu ergründen und diese der Welt mitzuteilen.

Hill verfasste eine 15-teilige Artikelreihe mit dem Titel *Billboards on the Road to Success* (auf Deutsch: *Wegweiser an der Straße des Erfolgs*). Die Artikel in diesem Buch entsprechen exakt jenen, die Hill auf seiner alten mechanischen Schreibmaschine tippte. Und sie sind heute noch genauso relevant wie vor 90 Jahren, als Hill sie schrieb.

ERSTER TEIL

AUF DER STRASSE DES ERFOLGS – 15 WEGWEISER

ERSTES KAPITEL

EIN ANLIEGEN ALS KONKRETES LEBENSZIEL

Sie möchten im Leben etwas erreichen? Sie wünschen sich ein Heim und ein bisschen Geld auf der hohen Kante? Vielleicht hätten Sie auch gern ein kleines Auto und andere Dinge, die das Leben angenehmer machen und an denen Sie sich in Ihrer Freizeit erfreuen können? Das alles und vielleicht noch mehr werden Sie bekommen, wenn Sie den Weg zum Erfolg gehen, den Ihnen diese und die weiteren, noch folgenden Botschaften aufzeigen.

Die Straße zum Erfolg ist gefunden. Sie wurde vermessen, und es wurden Wegweiser aufgestellt. Diese Wegweiser sagen Ihnen genau, was Sie tun sollen. Es gibt 15 solcher Wegweiser, und wenn Sie ihnen folgen, ist Ihnen der Erfolg sicher.

Die 15 Wegweiser stammen von einem Mann, der selbst ausgesprochen erfolgreich ist. Er hat ein eigenes Haus, ein Auto und ein gut gefülltes Bankkonto. Er hat eine Frau und mehrere zufriedene Kinder. Er hat Erfolg und ist glücklich. Dabei hat ihm keiner geholfen, und er hatte keine Vorteile, die Sie nicht auch haben könnten. Schließlich hat er vor gar nicht allzu langer Zeit als einfacher Arbeiter in einer Kohlegrube angefangen. Dieser Mann war so erfolgreich, weil er den 15 Wegweisern an der Straße des Erfolgs gefolgt ist – und Sie können das auch.

Auf dem ersten dieser Schilder steht: *ein konkretes Lebensziel!*

Wählen Sie noch heute *Ihr konkretes Lebensziel*. Haben Sie sich für ein Ziel entschieden, müssen Sie es in klaren, einfachen Worten aufschreiben. Formulieren Sie es so unmissverständlich, dass jedem, der Ihre Beschreibung liest, klar ist, worum es Ihnen geht. Nehmen wir an, Ihr Ziel besteht in einem eigenen Heim, einem Auto, einem ordentlichen Bankguthaben und einem Einkommen, das Ihnen genügend Freizeit und Vergnügen ermöglicht. Dieses Ziel würden Sie folgendermaßen formulieren:

»Mein konkretes Lebensziel ist es, ein eigenes Heim zu besitzen, ein Auto, ein ordentliches Bankguthaben und ein Einkommen, das mir genügend Freizeit, Erholung und Vergnügen ermöglicht. Im Gegenzug für diese positiven Seiten des Lebens werde ich meine persönliche Bestleistung bringen und dafür sorgen, dass alle zufrieden sind, die meine Leistungen in Anspruch nehmen. Ich werde alles tun, damit mein Arbeitgeber nie etwas an meiner Leistung auszusetzen hat. Ich werde stets nach Kräften mein Bestes geben, ganz gleich, was ich damit verdiene, weil mir mein gesunder Menschenverstand sagt, dass mich das zu einem attraktiven Arbeitnehmer macht und mir den höchsten Lohn einbringt, der für die Leistung gezahlt wird, die ich erbringe. Dieses konkrete Ziel unterschreibe ich mit meinem Namen und lese es mir zwölf Tage nacheinander, jeden Abend vor dem Schlafengehen, durch.«

(Unterschrift) ....

Psychologen behaupten, dass jeder, der ein konkretes Ziel so oder ähnlich schriftlich fixiert und dann zuverlässig zwölf Tage lang jeden Abend vor dem Schlafengehen durchliest, davon ausgehen kann, dass es sich realisiert.

Beachten Sie: Dieses konkrete Ziel ist der erste Schritt auf dem Weg zum Erfolg, und der Mann, der diese Schilder beschriftet hat, hat ganz unten, als Arbeiter in der Kohlegrube, angefangen – praktisch ohne jede Schulbildung. Trotzdem hat er rasch die Erfolgsleiter erklommen. Das können auch Sie, wenn Sie sich an diese Anweisungen halten.

Sobald Sie Ihr konkretes Ziel schriftlich niedergelegt haben, werden Sie feststellen, dass sich die Dinge positiv entwickeln. Sie werden merken, dass Sie bei Ihren Kollegen besser ankommen. Sie werden spüren, dass Ihr Arbeitgeber Ihre Leistung zur Kenntnis nimmt und Ihnen freundlicher begegnet als zuvor. Unsichtbare Kräfte arbeiten für Sie, und Sie werden auf der Straße des Erfolgs vorankommen, als würden Sie von Heerscharen freundlich gesinnter Menschen begleitet, die Ihnen auf Schritt und Tritt weiterhelfen.

Sie werden auch feststellen, dass Sie selbst mit Kollegen und Vorgesetzten freundlicher umgehen. Sie werden mehr Geduld mit Ihren Freunden haben und immer mehr Freunde finden, bis Sie schließlich keine Feinde mehr haben. Jeder wird Ihnen freundlich begegnen, und all diese wohlgesonnenen Menschen werden Ihnen zum Erfolg verhelfen. Das verspricht Ihnen einer, der all das ausprobiert und festgestellt hat, dass es funktioniert!

Zweifeln Sie nicht daran – es wird auch Ihnen gelingen. Folgen Sie nur diesen Anweisungen, und richten Sie sich nach folgenden Hinweisen. Und bereits ein Jahr, nachdem Sie diese Zeilen gelesen haben, wird sich Ihr Bekanntenkreis wundern, was aus Ihnen geworden ist – und Sie werden ein sympathischer, beliebter Mensch sein. Sie werden merken, dass alle, die Sie kennen, alles tun werden, um Ihnen Chancen zu eröffnen – weil sie Sie mögen.

IHR VORDRINGLICHES ANLIEGEN FÄRBT AB

Das ist das Geheimnis, das unbewusst den Grad der Aufmerksamkeit bestimmt. »Denn so wie ein Mensch in seinem Herzen denkt, so ist er.« Beachten Sie bitte den Ausdruck »in seinem Herzen« oder, wie es bei Hamlet heißt, »in des Herzens Herzen«. Die hebräischen Schreiber, die in der Bibel das Wort *Herz* als Symbol für die Gefühlsseite des Menschen wählten, hatten vielleicht keine Ahnung von moderner Psychologie, doch, wie John Herman Randall in seinem Buch *Culture of Personality* schrieb, begriffen sie die große psychologische Wahrheit, dass alle Gedanken grundlegenden Gefühlen oder Emotionen entspringen. Die Persönlichkeit, betrachtet als bewusste Vereinigung von Vernunft, Affekt und Willen, drückt sich im kreativen Prozess aus, der zunächst mit einem Impuls oder einem Gefühl einsetzt, dann in einen Gedanken übergeht und sich schließlich in einem Willensakt erfüllt. In letzter Instanz wird unsere Welt von unseren vorherrschenden Anliegen bestimmt. Persönlichkeit ist die Entwicklung eines solchen Anliegens.

Das wichtigste Anliegen eines Menschen wird zum Universum seiner Persönlichkeit. Einfacher ausgedrückt: Ein Mensch wird von seinem vordringlichen Anliegen geprägt. Wer ein Anliegen hat, betet. Das vordringliche Anliegen des verlorenen Sohnes war: »Gib mir, was mir zusteht.« Peary sagte, sein einziger Traum und sein Lebensziel sei 24 Jahre lang Tag und Nacht gewesen, zum Nordpol zu gelangen. Edison und die Glühbirne, Stevenson und die Lokomotive, Fulton und der Dampfer, Napoleon und die Herrschaft über Europa, Jeanne d'Arc und die Rettung Frankreichs, Paulus und die Verbreitung des Christentums – all dies sind die Folgen eines verzehrenden, alles beherrschenden Anliegens. Solche Gebete können falsch oder richtig sein, doch ein Gebet ist wie ein Bumerang: Es soll uns dazu anhalten, unverfälscht und selbstlos an unserem vordringlichen Anliegen festzuhalten – im Einklang mit dem Willen Gottes.

Wer die konkreten Anliegen eines Menschen kennt, der kann ihm ein Horoskop ausstellen und seinen Werdegang voraussagen. Zeigen Sie mir die Bilder, die sich jemand aufhängt, die Bücher, die in seinem Regal stehen, die Filme, die er sich anschaut, die Leute, mit denen er sich umgibt, und ich sage Ihnen, wofür er betet, denn daran lässt sich erkennen, was er sich ausmalt, was er im Herzen trägt, welche Gespräche er in seinen Träumen führt, und welche Gedanken sein Unterbewusstsein beherrschen.

Falls Ihr vordringliches Anliegen Ihre Welt dominiert, kann sie nur schön werden, wenn Sie, wie Ralph Waldo Trine sagen würde, »im Einklang mit dem Unendlichen« denken – oder, wie es der große Kepler formulieren würde, über »Gottes Gedanken nachdenken« oder wie der Herr selbst es fordert, in Übereinstimmung mit dem göttlichen Willen, »Dein Wille geschehe«. Dahin führt nur ein Weg: Man muss sich in der Gegenwart Gottes üben. Der Herr hat mit folgender Formel die Richtung aufgezeigt: »So geh in dein Kämmerlein und schließ die Tür zu und bete zu deinem Vater, der im Verborgenen ist.« Das sagt der Psychologe über jeden effektiven Denkprozess. Hier sind sich Psychologen und Mystiker einig: Mit dieser Methode lassen sich der psychologische Moment und die Verbindung zum Thron Gottes herbeiführen. Wir sind nicht nur, was wir im Herzen denken, sondern auch, was wir im Herzen beten. Das Gebet setzt uns mit dem universellen Bewusstsein in Verbindung, der mystischen Liebesenergie allen Seins, dem ewigen Gott, unserem Vater im Himmel.

Wir müssen uns beständig in die Gegenwart Gottes versetzen. Wir müssen uns Gebete weniger als Bitten vorstellen und mehr als Kommunion, Schöpfung und Erkenntnis. Das Gebet ist selbst einer der größten Aktivposten des Menschen. Ihr Kind soll nicht sagen: »Müde bin ich, geh zur Ruh« aus Angst, Gott könnte es vergessen oder während der Nacht nicht über es wachen. Sie bringen Ihrem Kind bei, so zu beten, damit es lernt, wie es sich im Gebet an Gott wenden und später, wenn es erwachsen ist, seine vordringlichen bestimmten Anliegen mit Gott identifizieren kann. Und das funktioniert.

Pfarrer James Higgins erzählte mir, dass er mit 21 Jahren zum ersten Mal eine Bibel sah, in einer Kirche war und außer »Müde bin ich, geh zur Ruh« und dem Vaterunser noch nie zuvor ein Gebet gesprochen oder gehört hatte, und diese Gebete hatte er auf dem Schoß seiner Mutter gelernt und sein Leben lang jeden Abend und jeden Morgen gesprochen, solange er denken konnte. Das erste öffentliche Gebet, das er hörte, bekehrte ihn, sodass er später Pfarrer wurde. Am Springfield College hörte ich von einem Studenten: »Die Vorlesungen von Frau McCollum über angewandte Psychologie haben mich erkennen lassen, dass die Religion meiner Mutter wissenschaftlich ist. Das finde ich ungeheuer spannend.« Eine kluge Mutter bringt ihrem Kind bei, zu beten.

Dann wird das Gebet – ein echtes Gebet – zum vordringlichen Anliegen gegenüber Gott. Und wir sind, was unsere Gebete aus uns machen.

»Der Seele Wunsch ist das Gebet,
in Freude wie in Schmerz;
gleich Feuer sich's im Herzen regt
und lodert himmelwärts.«

GESANGBUCH DER KIRCHE JESU CHRISTI DER HEILIGEN DER LETZTEN TAGE

Sorgen Sie dafür, dass Ihre Gebete etwas bewirken – nicht, dass Gott für Sie ein Wunder vollbringt, sondern dass er Ihnen die Schöpferkraft verleiht, zu Ehren einer besseren Menschheit selbst Wunder zu vollbringen.

Bitten Sie Gott jeden Morgen um Gesundheit, Glück und Erfolg bei Ihren anstehenden Aufgaben. Gehen Sie dann in dem Bewusstsein in den Tag, dass er Sie stärkt. Erwarten Sie Erfüllung. Geben Sie sich nicht mit weniger zufrieden. Der gottgleiche Geist kann Gottgleiches vollbringen. Konzentration und Gebet werden Ihr wichtigster Aktivposten bei der Entwicklung einer Persönlichkeit, die wirkungsvollen Dienst am Menschen leistet.

Die Verse von Clinton Scollard meißeln es in Stein:

»Let us put by some hour of every day
For holy things – whether it be when dawn
Peers through the window pane, or when the moon
Flames like a burnished topaz in the vault,
Or when the thrush pours in the ear of eve
Its plaintive melody; some little hour
Wherein to hold rapt converse with the soul
From sordidness and self a sanctuary
Swept by the winnowing of unseen wings
*And touched by the White Light Ineffable.«**

* »Nehmen wir uns jeden Tag ein bisschen Zeit
für das Heilige – sei es, wenn die Morgendämmerung
durch die Fensterscheibe fällt oder wenn der Mond
wie ein polierter Topas am Firmament leuchtet,
oder die Drossel abends ihr
Klagelied singt; nur ein bisschen Zeit
für ungestörte Zwiesprache mit der Seele
als Zuflucht aus dem Jammer und vor uns selbst
fortgetragen auf unsichtbaren Schwingen
und berührt vom unbeschreiblichen weißen Licht.«

Vor rund 20 Jahren schrieb ein Südstaatenautor ein Buch mit dem Titel *Up From Slavery.* Der Schriftsteller ist längst Geschichte, doch in Tuskegee, Alabama, erinnert ein Denkmal an sein Werk und sorgt dafür, dass sein Name auch für künftige Generationen lebendig bleibt. Der Mann hieß Booker T. Washington. Das Denkmal ist die Industrial School, die er für Menschen seiner Rasse eingerichtet hat: ein Institut, das seinen Schülern die Ehre vermittelt, die eine Ausbildung mit sich bringt.

Ich habe *Up From Slavery* gerade zum ersten Mal gelesen – dank Lincoln Tyler, einem bedeutenden New Yorker Anwalt. Ich schäme mich, dass ich es nicht schon vor Jahren gelesen habe, denn es ist ein Buch, das jeder junge Mensch möglichst früh im Leben lesen sollte.

Gehen Sie in die Bibliothek und befassen Sie sich damit – jedes Mal, wenn Sie der Mut verlässt. Es wird Ihnen klarmachen, was wirklich entmutigend ist.

Booker T. Washington wurde als Sklave geboren. Er wusste nicht einmal, wer sein Vater war. Nach der Abschaffung der Sklaverei spürte er das dringende *Anliegen*, sich zu bilden. Das Wort *Anliegen* ist kursiv gedruckt, weil es in diesem besonderen Zusammenhang eine große Bedeutung hat. Washington hörte von der Schule in Hampton, Virginia. Mittellos – er hatte kein Geld für die Anreise – machte er sich zu Fuß auf den Weg aus seiner kleinen Baracke in West Virginia nach Hampton.

In Richmond, Virginia, verdingte er sich ein paar Tage lang als Arbeiter auf einem Boot, das entladen werden musste. Sein »Hotel« war ein Brettersteg, sein Bett der harte Boden. Er gab nur ein paar Cent am Tag für einfaches Essen aus und sparte alles, was er für seine Arbeit auf dem Boot bekam. Die ganze Nacht hörte er das Trampeln von Schritten auf dem Steg über ihm – kein besonders angenehmes Nachtquartier.

Doch er verspürte das brennende *Anliegen*, sich zu bilden. Und ein Mensch mit einem solchen Anliegen – ganz gleich, welcher Hautfarbe er ist und wie dick seine Brieftasche ist– erreicht gewöhnlich, was er will.

Als die Arbeit auf dem Boot erledigt war, wendete sich Washington wieder Richtung Hampton. Dort kam er mit nur 50 Cent in der Tasche an. Man ließ ihn vor, hörte sich seine Geschichte an, doch niemand äußerte sich dazu, ob er sich einschreiben durfte oder nicht.

Schließlich stellte ihm die Schulleiterin eine Aufgabe als Aufnahmeprüfung. Sie war nicht mit den Tests zu vergleichen, die in Harvard, Princeton oder Yale verlangt werden, aber dennoch ein Test. Sie bat ihn, hereinzukommen und ein Zimmer zu putzen. Washington machte sich an die Arbeit – entschlossen, sie gut zu erledigen, denn schließlich wollte er ja *unbedingt* an dieser Schule aufgenommen werden. Er wischte das Zimmer viermal. Dann bearbeitete er jeden Quadratzentimeter viermal mit dem Putzlappen. Die Dame kam, um sich seine Arbeit anzusehen. Um zu prüfen, ob alles sauber war, zückte sie ihr Taschentuch – und fand kein Stäubchen. Da sagte sie zu dem jungen Kerl: »Wie ich es sehe, bist du für diese Schule geeignet.«

Bis zu seinem Tod war Booker T. Washington zu solchem Ansehen gelangt, dass er mit Königen und Machthabern verkehrte – übrigens stets auf deren Einladung. Er war nicht auf Prestige aus. Als Redner riss er sein Publikum mit. Dabei war sein Stil einfach. Er brauchte keine großen Worte. Er bluffte nicht. Er blieb stets er selbst. Mit seiner einfachen, direkten, geradlinigen Art gewann er in den Vereinigten Staaten und vielen anderen Ländern die Herzen seiner eigenen Leute und die der Weißen.

Daraus kann jeder lernen, der auf Ruhm und Ehre erpicht ist – ganz gleich, auf welchem Gebiet. Washington brachte seinen Leuten bei, mehr Zeit darauf zu verwenden, zu lernen, wie man mauert, Häuser baut und Baumwolle pflanzt, statt sich mit toten Sprachen oder Literatur zu befassen. Er wusste, was das Wort *Bildung* wirklich bedeutete. Er wusste, dass es heißt, sich innerlich weiterzuentwickeln, benötigte Dienste zu leisten, zu lernen, sich alles Nötige zu verschaffen, ohne dabei die Rechte anderer zu verletzen.

Heute gehört Tuskegee in Alabama zu den fortschrittlichsten Großstädten überhaupt. Es ist nicht nur in Amerika, sondern praktisch auf der ganzen Welt bekannt für die Errungenschaften der von Washington gegründeten Schule. Das Schulgelände selbst ist wie eine eigene großartige Stadt.

Ein Satz aus seinem Buch *Up From Slavery* sticht heraus und macht deutlich, was im Kopf des Autors vorging. Er schrieb, der Erfolg eines Menschen sei nicht an seinen Leistungen zu messen, sondern an »den Hindernissen, die er überwunden hat«. Wie wahr! Mir ist hier in New York eine Familie bekannt, die Immobilien im Wert von vielen Millionen Dollar in den besten Lagen besitzt, doch nicht eins ihrer Mitglieder hat auch nur einen Cent dieses Geldes verdient. Trotzdem gelten sie als »erfolgreich«.

Booker T. Washington – der Sklave, der noch als Jugendlicher nicht einmal genügend Kleidung hatte, um sich ordentlich anzuziehen – überwand Hindernisse, an denen viele von uns frustriert gescheitert wären. Er kämpfte mit zwei ungewöhnlich schwierigen Problemen – rassistischen Vorurteilen und Armut. Doch trotz dieses großen Handicaps brachte er es für sich und seine Rasse so weit, dass ihn viele, die weniger Hindernisse zu überwinden hatten, darum beneiden würden. Und er hatte recht! Es kommt nicht auf den materiellen Besitz eines Menschen an, sondern darauf, welche Hindernisse er überwunden hat.

Lesen Sie Washingtons Buch. Ziehen Sie sich damit an einen ruhigen Ort zurück und gehen Sie beim Lesen in sich. Vergleichen Sie seine Probleme mit Ihren eigenen früheren oder aktuellen, die Sie für unlösbar hielten. Die Lektüre dieses Buches wird Sie sicherlich inspirieren. Es ist ebenso lehrreich wie interessant, und Washington wird Sie zum Lachen und zum Weinen bringen.

Er erzählt zum Beispiel von seiner ersten Mütze. Da seine Mutter nicht das Geld hatte, um ihm eine Mütze zu kaufen, nähte sie ihm eine aus zwei alten Lappen. Als er damit ankam, lachten ihn die anderen Kinder, die »gekaufte« Mützen trugen, aus und machten sich über ihn lustig. Ohne offensichtliche Genugtuung berichtet er, dass die meisten Kinder, die damals über ihn gelacht hatten, später im Gefängnis gelandet sind oder zumindest für ihre Rasse oder sich selbst nichts erreicht haben.

Jeder, der das Schreiben zu seinem Beruf machen möchte, sollte *Up From Slavery* gelesen haben. Schon der Schreibstil macht deutlich, dass hier nichts verschwiegen wird. Washington versucht weder, sich oder seine Rasse in Schutz zu nehmen, noch heischt er um ungerechtfertigte Anerkennung. Alles ist logisch aufgebaut. Und aus jeder Seite spricht offensichtlich die Wahrheit. Lesen Sie selbst.

An dieser Stelle ist es Zeit für eine Bestandaufnahme. Finden Sie heraus, was Sie Nützliches gelernt haben, und was Sie erreichen möchten, solange es noch möglich ist. Stellen Sie sich folgende Fragen – und beantworten Sie sie unbedingt: Was habe ich aus meinen Fehlschlägen und Missgriffen gelernt, das mir künftig von Nutzen sein könnte? Was habe ich getan, um einen höheren Status im Leben zu verdienen? Was habe ich getan, um die Welt zu verbessern? Was ist Bildung, und wie kann ich mich weiterbilden? Was bringt es mir, wenn ich zurückschlage, wenn ich verletzt werde? Wie kann ich mein Glück finden? Wie kann ich erfolgreich sein? Was ist eigentlich Erfolg? Und schließlich: Was möchte ich noch Großes vollbringen, bevor ich das Werkzeug, das mir zur Verfügung steht, aus der Hand lege und aus dem Leben scheide? Was ist mein konkretes Lebensziel?

Schreiben Sie die Antworten auf all diese Fragen auf – und überlegen Sie vorher gut. Das Ergebnis wird Sie vielleicht verblüffen, denn wenn Sie diese Fragen sorgfältig beantworten, regt Sie das zu konstruktiveren Gedanken an, als sie der Durchschnittsmensch je hat. Denken Sie vor allem gut über Ihre Antwort auf die letzte Frage nach. Überlegen Sie sich, was Sie wirklich im Leben erreichen möchten. Und fragen Sie sich dann, ob es Sie wirklich glücklich machen wird.

Das eine Lebensziel, das über allen anderen steht, ist das Streben nach Glück. Prüfen Sie sich, und Sie werden merken, dass Sie vor allem die Suche nach Glück motiviert. Sie möchten Geld haben, um sich Unabhängigkeit und Glück zu erkaufen. Sie wünschen sich ein eigenes Haus und Luxus, um glücklich zu sein. Auf der Suche nach Antworten auf diese Fragen werden Sie zu dem Schluss kommen, dass sich Glück – echtes Glück, das erfüllend und von Dauer ist – nur einstellt, wenn wir andere Menschen glücklich machen. Und das geht ganz ohne Geld und hat keinen Preis. Sobald Sie andere glücklich machen, indem Sie Ihnen helfen, werden auch Sie jede Menge Glück empfinden.

Wäre es nicht sinnvoll, bei der Entscheidung über Ihr konkretes Ziel das Glück einzubeziehen?

In jedem normalen Geist ruht ein schlafendes Genie, das nur darauf wartet, durch ein starkes *Anliegen* angestupst und aufgeweckt zu werden und zur Tat zu schreiten.

Hört, Ihr sorgenbeladenen Brüder, die Ihr einen Weg aus dem Dunkel des Scheiterns zum Licht des Erfolgs sucht: Es gibt Hoffnung für Euch. Gleich, wie viele Misserfolge Ihr hinter Euch habt oder wie tief Ihr gefallen seid, Ihr könnt wieder auf die Beine kommen! Wer sagt, dass jeder nur eine Chance im Leben hat, irrt sich gewaltig. Chancen bieten sich Tag und Nacht. Natürlich klopfen sie nicht von selbst an die Tür oder verschaffen sich gar gewaltsam Zutritt – doch sie sind da.

Was, wenn Sie schon mehrfach gescheitert sind? Jeder Fehlschlag ist insofern ein Glück im Unglück, als dass er Sie läutert und auf die nächste Prüfung vorbereitet. Wer nie gescheitert ist, ist zu bedauern, denn er hat die großartigen echten Lernprozesse der Natur versäumt. Was ist schon dabei, wenn Sie einmal falsch gelegen haben? Wer hat das nicht? Ein Mensch, der sich noch nie geirrt hat, hat auch noch nichts Nennenswertes vollbracht. Von da, wo Sie heute stehen, bis dort, wohin Sie kommen möchten, ist es nur ein Katzensprung. Möglicherweise sind Sie ein Opfer Ihrer Gewohnheiten und wie viele andere in einem mittelmäßigen Berufs- und Privatleben versackt. Nur Mut – es gibt einen Ausweg! Vielleicht hat Sie das Schicksal stiefmütterlich behandelt, und Sie sind in die Fänge der Armut geraten. Keine Angst – es gibt einen sinnvollen Weg, den Sie zu Ihrem eigenen Wohl einschlagen können, und der ist so einfach zu finden, dass ich wirklich bezweifle, ob Sie ihn ernst nehmen. Doch wenn Sie das tun, wird es sich lohnen.

Die *Goldene Regel* sollte sich jedes Unternehmen und jeder Erwerbstätige in Amerika als Slogan auf die Fahne und auf den Briefkopf schreiben.

Jeder menschlichen Errungenschaft geht ein *Anliegen* voraus! Der menschliche Geist hat die Kraft, allen Reichtum hervorzubringen, den Sie sich wünschen, die Stellung, die Sie anstreben, die Freundschaften, die Sie brauchen, die Eigenschaften, die nötig sind, um etwas Verdienstvolles zu erreichen.

In unserem Sinne ist ein »Wunsch« etwas anderes als ein »Anliegen«. Ein Wunsch ist lediglich das Samenkorn oder der Keim des

Erwünschten. Ein starkes *Anliegen* dagegen ist mehr. Es ist nicht nur der Keim, sondern auch der fruchtbare Boden, die Sonne und der Regen, die für sein Gedeihen nötig sind. Ein starkes *Anliegen* ist die geheimnisvolle Kraft, die das schlafende Genie in unserem Kopf weckt und dafür sorgt, dass es sich ernsthaft an die Arbeit macht. Ein Anliegen ist der Funke, der im Boiler menschlichen Strebens eine Flamme entfacht und den Dampf produziert, der schließlich zur *Handlung* führt!

Das Leben besteht aus einer langen Kette von Entscheidungen, mit denen wir konfrontiert werden – aus spontanen Entschlüssen oder verpassten Gelegenheiten. Ob wir etwas tun oder lassen – beides kann sich für uns gleichermaßen positiv oder negativ auswirken. Charakter entsteht aus dem Einfluss dieser endlosen Kette von Entscheidungen, die wir treffen müssen, solange wir leben.

Es gibt viele unterschiedliche Einflüsse, die ein Anliegen entstehen und wirken lassen. Manchmal ist es der Tod eines Freundes oder Verwandten, ein anderes Mal geben uns finanzielle Verluste den richtigen Impuls. Enttäuschungen, Leid und Widrigkeiten aller Art können den menschlichen Geist wachrütteln und dazu führen, dass er sich neue Wirkungskanäle sucht. Wer begriffen hat, dass ein Fehlschlag nur ein vorübergehender Zustand ist, der uns zu größerer Aktivität veranlasst, der erkennt – so klar wie den Himmel an einem wolkenlosen Tag – dass ein Misserfolg stets Fluch *und* Segen ist. Sobald Sie Missgeschicke und Fehlschläge in diesem Licht sehen können, erschließt sich Ihnen die größte Macht auf dieser Welt. Denn von diesem Tag an lassen Sie sich von Misserfolgen nicht länger herunterziehen, sondern fangen an, daraus Kapital zu schlagen.

Es wird ein Glückstag für Sie sein, an dem Sie merken, dass alles, was Sie erreichen möchten, nicht von anderen abhängt, sondern von *Ihnen!* Bevor es dazu kommt, müssen Sie jedoch die Kraft entdecken, die ein *Anliegen* besitzt. Fangen Sie sofort – also heute noch – damit an, ein starkes, unbezähmbares Anliegen zu entwickeln: das Anliegen, Ihr Leben nach Ihren Wünschen zu gestalten. Geben Sie diesem Anliegen so viel Raum und Zeit, dass es Ihre Gedanken vollkommen beherrscht. Denken Sie tagsüber darüber nach, und träumen Sie nachts davon. Konzentrieren Sie sich jede freie Minute darauf. Bringen Sie es zu Papier, und hängen Sie es dort auf, wo Sie es ständig vor Augen haben. Fokussieren Sie sich mit aller Kraft darauf, es zu verwirklichen – und schon wird es sich wie von Zauberhand für Sie realisieren.

ZWEITES KAPITEL

SELBSTVERTRAUEN

Auf dem zweiten Wegweiser an der Straße des Erfolgs steht: *Selbstvertrauen*. Wer Erfolg haben will, muss an sich glauben. An sich glauben kann man aber erst, wenn das auch andere tun. Und man kann andere nur dazu bringen, indem man sich ihr Vertrauen verdient.

Stellen Sie sich vor, jeder, dem Sie heute begegnen, erzählt Ihnen, wie krank Sie aussehen. In diesem Fall würden Sie sicherlich noch vor dem Abend einen Arzt aufsuchen. Sagen Ihnen die nächsten drei Menschen, die Ihnen heute über den Weg laufen, dass Sie krank aussehen, fangen Sie prompt an, sich elend zu fühlen.

Erzählte Ihnen dagegen jeder, dem Sie heute begegnen, was für ein sympathischer Mensch Sie sind, würde das Ihr Selbstvertrauen stärken. Sie würden sich mehr zutrauen, wenn Ihnen Ihr Chef jeden Tag sagte, dass Sie gute Arbeit leisten. Und Sie hätten mehr Selbstvertrauen, wenn Ihre Kollegen Ihnen täglich versicherten, dass Ihre Leistungen immer besser werden.

Wir alle brauchen jemanden, der an uns glaubt und uns ermutigt.

Kluge Menschen sagen, eine Frau kann ihren Mann zum Erfolg führen, wenn sie ihn morgens mit einem fröhlichen Lächeln und einem Wort der Ermunterung zur Arbeit schickt. Der Mann, dem wir die Schilder an der Straße zum Erfolg verdanken, räumt seiner Frau großen Anteil an seinem persönlichen Erfolg ein. Sie entließ ihn jeden Morgen mit folgendem zuversichtlichen Gedanken zur Arbeit:

»Du wirst heute gute Arbeit leisten!« Sie nörgelte nie. Sie kritisierte ihn nie. Sie schimpfte nie, wenn er spät nach Hause kam. Sie versicherte ihm stets, wie klug er doch sei. Eines Tages aber tat sie etwas Ungewöhnliches. Sie schrieb ihrem Mann ein Credo, dass er unterschreiben und dort aufhängen sollte, wo er es bei der Arbeit den ganzen Tag über sähe. Darin stand:

»Ich glaube an mich. Ich glaube an meine Kollegen. Ich glaube an meinen Chef. Ich glaube an meine Freunde. Ich glaube an meine Familie. Ich glaube, dass mir Gott alles Nötige geben wird, um erfolgreich zu sein, wenn ich mein Bestes tue, um es mir treu, tüchtig und ehrlich zu verdienen. Ich glaube an das Gebet und werde nie schlafen gehen, ohne um göttliche Führung zu beten, damit ich Geduld mit anderen habe und Andersdenkenden mit Toleranz begegne. Ich glaube, dass Erfolg das Ergebnis überlegter Anstrengungen ist und nicht von Glück, unsauberen Geschäftspraktiken oder Betrug an Freunden, Kollegen oder meinem Arbeitgeber abhängt. Ich glaube, dass mir das Leben genau das geben wird, was ich darin investiere. Deshalb verhalte ich mich anderen gegenüber ganz bewusst so, wie sie sich mir gegenüber verhalten sollen. Ich spreche nicht schlecht über Menschen, die ich nicht mag, und ich mache keine Abstriche bei meiner Leistung, ganz gleich, was andere tun. Ich leiste, so viel ich kann, weil ich mich dem Erfolg verschrieben habe, und ich weiß, dass Erfolg stets das Ergebnis gewissenhafter Bemühungen ist. Und ich sehe es anderen nach, wenn sie mich verletzen, weil ich weiß, dass auch ich manchmal andere verletze und auf ihre Nachsicht angewiesen bin.«

(Unterschrift) ....

Fragen Sie sich noch, warum es dieser junge Mann, der als Arbeiter im Kohlebergwerk begann, zu Erfolg und Wohlstand gebracht hat, wenn Sie das Credo lesen, das er unterzeichnet und nach dem er sich zu leben bemüht hat?

So ein Credo sollten auch Sie unterschreiben und an Ihrem Arbeitsplatz aufhängen, wo Sie – und andere – es jeden Tag sehen können. Vielleicht wird es Ihnen anfangs schwerfallen, sich daran zu halten, doch im Leben hat alles von Wert seinen Preis. Der Preis des Selbstvertrauens ist das gewissenhafte Bemühen, nach diesem Credo zu leben.

Sind Sie verheiratet, dann zeigen Sie das Credo Ihrem Lebenspartner. Sind Sie alleinstehend, geben Sie es einem Menschen, den Sie gern zum Partner hätten, und bitten Sie ihn, Ihnen zu helfen, danach zu leben.

Glauben Sie an sich, wenn Sie möchten, dass andere an Sie glauben. Erwarten Sie Erfolge von sich, wenn Sie möchten, dass andere von Ihnen Erfolge erwarten. Die Welt taxiert Sie mehr oder minder so, wie Sie sich selbst einschätzen. Setzen Sie Ihren Wert entsprechend hoch an.

Es zahlt sich aus, an sich zu glauben und eine Persönlichkeit zu entwickeln, die anderen Selbstvertrauen vermittelt. Ich kenne einen Mann, der sein ganzes Leben der Aufgabe widmet, das Selbstvertrauen anderer aufzubauen. Neulich erfuhr er, dass ihn ein erfolgreicher Unternehmer großzügig in seinem Testament bedacht hatte. Der Erblasser erklärte dazu: »Dass ich eines Ihrer Bücher gelesen habe, hat zu meinem geschäftlichen Erfolg beigetragen – deshalb hinterlasse ich Ihnen einen Teil meines Vermögens, damit Sie auch künftig anderen helfen können, wie Sie mir geholfen haben.«

Doch es zahlt sich nicht nur finanziell aus, anderen dabei zu helfen, sich selbst zu helfen – es macht auch glücklich. Reichtum lässt sich in Geld messen, aber auch in dem »gewissen Etwas«, das man mit Geld nicht kaufen kann und das sich nicht monetär beziffern lässt. Man hat es, wenn man die Kunst beherrscht, anderen zu helfen, sich selbst zu helfen. Dazu müssen Sie aber erst einmal an sich selbst glauben. Das ist die wichtigste Voraussetzung für alle erstrebenswerten Errungenschaften.

Du bist der wichtigste Mensch auf der Welt. In Dir steckt alles, was ein erfolgreicher Mensch braucht. Du besitzt alle verborgenen Kräfte, die Dich ans Ziel deiner Wünsche bringen – zu Erfolg und Glück. Dieser Artikel wird Dir nach und nach zu der Erkenntnis verhelfen, dass Du ein wertvoller Mensch bist – der wichtigste Mensch auf der Welt.

Sie können alles erreichen, denn im Zuge der Entwicklung Ihrer Fähigkeiten werden sich messbare Anliegen herausbilden. Und sobald Sie Ihre Anliegen kennen, werden Sie begreifen, dass es in Ihrer Macht liegt, sie zu erfüllen.

Ehre, Reichtum und Macht können Ihnen zufällig, unverdient und unaufgefordert zufallen, doch in diesem Fall werden sie Ihnen nicht viel nützen. Sie werden das alles wieder verlieren, wenn Sie nicht bereit sind, es zu empfangen und richtig einzusetzen.

Alle Kraft liegt in einem Menschen selbst, und seine oberste Pflicht gilt ihm selbst. Wer dieser Pflicht mustergültig nachkommt, macht unwillkürlich Eindruck auf die Gesellschaft, in der er sich bewegt, hebt automatisch den Standard im eigenen Kreis und färbt positiv auf sein persönliches Umfeld ab.

Vielleicht sind Sie nur einer von Hunderten oder Tausenden, die alle in einem großen Unternehmen tätig sind. Ihre derzeitigen Aufgaben mögen monoton oder trivial erscheinen. Es gibt keinen offensichtlichen Grund, Begeisterung oder persönlichen Stolz zu empfinden. Seien Sie authentisch, und beweisen Sie sich. Eine Aufgabe ist immer, was man daraus macht – und sie kann stets verdienstvoll sein. Es geht dabei nicht um Ihren Job, Ihre Bezahlung, Ihre Arbeitsbedingungen oder Ihre beruflichen Aussichten – es geht um *Sie.*

Glauben Sie an Ihre Fähigkeit, Großes zu vollbringen. Nur wenn Sie sich selbst etwas zutrauen, können Sie andere dazu bringen, an Sie zu glauben.

Womit Sie auch betraut werden – Sie sollten sich jedem Arbeitsauftrag mit voller Aufmerksamkeit und ganzem Interesse widmen und stets Ihr Bestes geben. Erledigen Sie jede Aufgabe so, dass Ihre Vorgesetzten auf Sie aufmerksam werden. Das können Sie erreichen, wenn Sie Initiative zeigen und gesunden Menschenverstand beweisen. Es liegt ganz an Ihnen.

Wer sich resigniert mit seinem Schicksal abfindet, macht sich kleiner – und das bringt ihn nicht weiter. Es lohnt sich immer, entschlossen um mehr zu kämpfen und bereitwillig und engagiert darauf hinzuarbeiten.

Sie müssen nicht warten, bis jemand stirbt, um befördert zu werden. Das können Sie natürlich, aber es ist nicht nötig. Das Warten zermürbt nur. Sie allein sind für sich verantwortlich. In keinem Unternehmen würden Mitarbeiter nach Dienstalter befördert, wenn sich jeder Mann, jede Frau und jeder junge Mensch mehr ins Zeug legen würde, eine höhere Meinung von sich hätte und dieser Meinung entsprechend arbeiten würde. Verlieren Sie sich aber bei der Einschätzung Ihrer eigenen Bedeutung nicht in einem Meer selbstgefälliger Superlative. Lassen Sie sich nichts zu Kopf steigen. Die richtige Selbsteinschätzung setzt eine gewisse Selbstbeherrschung voraus. Haben Sie Ihre Bedeutung erkannt, müssen Sie sich in Selbstbeherrschung üben, damit Sie Ihre Macht sinnvoll und überlegt einsetzen können. Sie sind mehr wert, als Sie denken. Verhalten Sie sich entsprechend.

Erledigen Sie Ihre jetzige Arbeit besser als jeder andere aus Ihrer Altersgruppe oder mit Ihrer Erfahrung. Damit beweisen Sie, dass Sie zu Höherem berufen sind. Werden Ihnen dann verantwortungsvollere Aufgaben übertragen, gehen Sie diese genauso offensiv an – dann ist Ihr weiterer Aufstieg unaufhaltsam, Schritt für Schritt. Es liegt ganz an Ihnen. Nichts kann Sie zurückhalten, wenn Sie erst beschlossen haben, dass Sie vorankommen wollen.

Die meisten bedeutenden Menschen haben klein angefangen – noch kleiner als Sie, ganz gleich, wo Sie derzeit stehen. Doch sie haben zu sich selbst gefunden, sich kennengelernt und erkannt, welche Macht ein Mensch besitzt, der sagt: »Ich werde es schaffen.« Ihnen werden sich erst dann Chancen eröffnen, wenn Ihre Meinung von sich selbst hoch genug ist, um sie auch zu ergreifen.

Steigern Sie engagiert Ihre Leistung. Zeigen Sie, dass Sie mit weniger geistiger und körperlicher Energie mehr leisten können.

Sie wurden nicht geboren, um auf Ihrem aktuellen Stand zu verharren. Es gibt Spielraum nach oben für alle, die aufsteigen wollen. Und das macht Spaß. Die Arbeit wird zum Vergnügen, wenn wir sie dazu machen. Für alle, die ein Ziel im Leben haben, gibt es keine Schinderei.

Sie können eine bessere Stelle finden – aber nicht, indem Sie darum bitten. Wie oder wann Sie den Job auch bekommen, Sie müssen ihn gut ausfüllen und so die Voraussetzungen für den nächsten Schritt nach oben schaffen. Die Welt braucht Menschen, die eine so hohe Meinung von sich haben, dass sie sich Ehre machen, indem sie jede Aufgabe erfolgreich erledigen und stolz darauf sind. Auch Ihnen winkt ein höherer Posten, doch diesem müssen Sie sich würdig erweisen, indem Sie Ihre jetzigen Aufgaben so gut erfüllen, dass Sie Ihre Fähigkeit zu mehr beweisen. Das wird jemand erkennen und nutzen.

Lohnt es sich, etwas zu besitzen, lohnt es sich auch, dafür zu arbeiten. Ärgern Sie sich nicht über die Erfolge anderer. Verwenden

Sie Ihre Zeit lieber zielführender, nämlich auf Ihre aktuelle Aufgabe. Denken Sie dabei nicht zu viel über das Ergebnis nach – das kommt von alleine, so unvermeidlich wie ein Naturgesetz.

Behandeln Sie sich selbst wie einen Leistungsträger. Verlangen Sie viel von sich. Seien Sie Ihr härtester Lehrmeister.

Für Sie sind Sie selbst das Allerwichtigste. Setzen Sie sich richtig ein. Denken Sie positiv von sich, arbeiten Sie hart für sich. Davon werden auch andere profitieren – gönnen Sie es ihnen. Sie können sicher sein, dass Ihnen Ihre Belohnung so gewiss ist wie die Leistung, die Sie dafür erbringen.

Hüten Sie sich vor *Selbstmitleid. Entwerten Sie sich in Ihren eigenen Augen nicht. Haben Sie Vertrauen zu sich.*

Sie sind der wichtigste Mensch auf der Welt. Sie können werden, was Sie sein möchten. Niemand kann so viel für Sie tun wie Sie selbst. Es liegt alles in Ihrer Hand.

Selbstvertrauen

»Zweifel sind Verräter,
Die oft ein Gut entziehn (das wir erreichten!)
Weil den Versuch wir scheuten.«

– Shakespeare*

Lincoln kam aus einer Blockhütte und endete im Weißen Haus – weil er an sich glaubte.

Napoleon war ein korsischer Habenichts und eroberte halb Europa – weil er an sich glaubte.

* William Shakespeare: Sämtliche Werke (ins Deutsche übertragen von August Wilhelm Schlegel, Dorothea und Ludwig Tieck, Wolf Graf Baudissin, Ferdinand Freiligrath, Friedrich Bodenstedt, Gottlob Regis, Karl Simrock), Wiesbaden (Löwit).

Henry Ford begann als armer Bauernbursche und setzte mehr Räder in Bewegung als jeder andere auf der Welt – weil er an sich glaubte.

Rockefeller fing als kleiner Buchhalter an und wurde zum reichsten Mann der Welt – weil er an sich glaubte.

Sie alle nahmen sich, was sie haben wollten, weil sie Vertrauen in ihre eigenen Fähigkeiten hatten. *Warum überlegen Sie sich nicht, was Sie haben wollen, gehen los und holen es sich?*

DRITTES KAPITEL

INITIATIVE

Auf dem dritten Schild an der Straße des Erfolgs steht: *Initiative*. Im Grunde bedeutet *Initiative*, dass man aus eigenem Antrieb tut, was man tun sollte.

Der Mann, der die Wegweiser zum Erfolg aufgestellt hat, wuchs in den Bergen von Wise, Virginia, auf. Er hatte kaum Schulbildung, kein Zuhause und nur wenige Freunde, als er sich als Wasserträger in der Kohlegrube verdingte. Da er in dieser Funktion nicht ständig im Einsatz war, ging er in seinen Pausen den Fahrern dabei zur Hand, ihre Maultiere abzuschirren, nachdem die Kohle abgekippt worden war. Eines Tages kam der Eigentümer des Bergwerks vorbei und sah, wie der junge Kerl den Fahrern bei der Arbeit half. Er hielt ihn auf und fragte ihn, wer ihm das aufgetragen hatte. Da sagte der Junge: »Keiner, aber ich hatte gerade etwas Zeit und dachte, es würde sicher niemandem etwas ausmachen, wenn ich sie sinnvoll nutze und den Fahrern bei der Arbeit helfe.«

Der Minenbesitzer wollte schon weitergehen, da wandte er sich noch einmal zu dem Burschen um: »Komm heute Abend nach der Arbeit in mein Büro.« Der Junge bekam Angst. Würde er seinen Job verlieren, weil er eigenmächtig gehandelt hatte? Nervös fand er sich abends im Büro des Bergwerksbesitzers ein. Der sah, dass der junge Mann Angst hatte, und beruhigte ihn. Er habe nichts zu befürchten. Dann bat er ihn, Platz zu nehmen, und erklärte ihm:

»Weißt du eigentlich, mein Junge, dass wir mehrere Hundert Männer in dieser Anlage beschäftigen und etliche Vorarbeiter, deren Aufgabe es ist, dafür zu sorgen, dass die Leute tun, was man ihnen sagt, und das sie es richtig machen. Von diesen vielen Hundert Leuten bist du der Erste, den ich in mein Büro rufen musste, weil er andere unaufgefordert bei ihren Aufgaben unterstützt hat. Du hast da eine seltene Eigenschaft, nämlich *Eigeninitiative*, und wenn du sie weiter so zum Einsatz bringst, dann kannst du es hier weit bringen.«

Damit wandte er sich wieder seiner Arbeit zu. Der Junge erhob sich und verließ das Büro. Dies war einer der glücklichsten Momente seines Lebens. Er war gekommen in der Erwartung, »gefeuert« zu werden. Stattdessen war er gelobt worden.

Fünf Jahre später wurde derselbe Junge zum Geschäftsführer des besagten Bergwerks ernannt und wurde Chef von über tausend Mitarbeitern. Er war seinerzeit der jüngste Geschäftsführer einer Kohlegrube in den Vereinigten Staaten. Die Arbeiter mochten ihn, weil er ihnen etwas zutraute. Über dem Schalter, an dem die Löhne ausgezahlt wurden, prangte ein großes Schild mit folgender Aufschrift:

»An meine Kollegen

Vor fünf Jahren arbeitete der Geschäftsführer dieser Grube noch als Wasserträger für 50 Cent am Tag. Eines Tages erwischte der Eigentümer des Bergwerks den Wasserträger dabei, wie er den Fahrern an Kipphalde 3 dabei half, ihre Maultiere abzuschirren. Für diese zusätzliche Arbeit wurde er nicht bezahlt. Niemand hatte ihn darum gebeten. Er hatte es getan, weil er helfen und den Fahrern unter die Arme greifen wollte.

Eigeninitiative ist ein wertvolles Instrument, das jedermann zur Verfügung steht. Jeder, der an diesem Schalter seinen Lohn empfängt, hat die gleiche Chance, in eine verantwortungsvollere Position aufzusteigen, wie der Wasserträger – und er kann das auf dieselbe Art erreichen.

Es wird von niemandem in dieser Mine verlangt, die Arbeit eines anderen zu übernehmen, doch sollte er das aus eigenem Antrieb tun, wird ihn keiner davon abhalten. Und jeder, der so viel Initiative zeigt wie der besagte Wasserträger, kann es in diesem Unternehmen weit bringen, weil ihn niemand aufhalten kann.«

Von jetzt an sollten Sie jede Chance nutzen, die sich Menschen eröffnet, die Initiative zeigen. Dieser Wegweiser zum Erfolg ist der allerwichtigste. Die Anweisungen, die Ihnen der mit *Initiative* bezeichnete Wegweiser vorgibt, sind einfach zu befolgen. Nehmen Sie sich vor, in den nächsten zehn Tagen bei der Arbeit *Initiative* zu beweisen, indem Sie jeden Tag mindestens eine Aufgabe erledigen, die Ihnen niemand aufgetragen hat. Reden Sie mit keinem darüber. Behalten Sie für sich, was Sie tun, und befolgen Sie nur diese Anweisungen. Können Sie in Ihrem Job keine Aufgaben übernehmen, die Ihnen nicht zugewiesen wurden, arbeiten Sie einfach ein bisschen schneller und besser als sonst in derselben Zeit. Machen Sie das zehn Tage lang, und Ihr Chef wird es bemerken. Nach Ablauf der zehn Tage werde Sie auch feststellen, dass es sich auszahlt, Ihr Leben lang weiter *Initiative* zu zeigen, denn es führt zu mehr Verantwortung und höherem Verdienst, und es bringt Sie weiter auf dem Weg zu Ihrem *konkreten Lebensziel*.

»Initiative

Was die Welt – auch finanziell – am meisten honoriert, ist Initiative. *Was aber ist* Initiative eigentlich*? Ich will es Ihnen verraten: unaufgefordert das Richtige zu tun.*

Fast so gut ist es, auf die erste Aufforderung hin das Richtige zu tun. Dann winkt Ihnen viel Ehre, nicht immer aber auch eine entsprechende Vergütung.

Wer immer erst auf die zweite Aufforderung hin handelt, wird nicht so gewürdigt – und schlechter bezahlt.

Und dann sind da noch die, die erst dann das Richtige tun, wenn ihnen gar nichts anderes übrig bleibt. Sie werden gar nicht gewürdigt und bekommen einen Hungerlohn. Solche Menschen heischen oft Mitleid und erzählen, wie schwer sie es haben.

Noch eine Stufe weiter unten stehen die Zeitgenossen, die nicht einmal dann das Richtige tun, wenn jemand daneben steht, ihnen zeigt, wie es geht, und sie dabei beaufsichtigt, wie sie es ausführen. So jemand findet nie einen Job – es sei denn, er hat einen reichen Vater.

Zu welcher Kategorie gehören Sie?«

– Elbert Hubbard

VIERTES KAPITEL

FANTASIE

Auf dem vierten Schild an der Straße des Erfolgs steht: *Fantasie*. Jeder erfolgreiche Mensch muss *Fantasie* einsetzen. Dafür braucht man keine große Bildung. Wer seine Fantasie benutzt, schmiedet aus alten Ideen neue Pläne – so, wie man aus alten Backsteinen ein neues Haus bauen kann.

Eines Tages stand ein junger Mann mit einem Tablett in der Hand in der Schlange, um sich in einer Cafeteria sein Essen zu holen. Da begann seine *Fantasie* zu arbeiten. Er dachte: »Wäre es nicht eine gute Idee, einen Selbstbedienungsladen für Lebensmittel zu eröffnen, in dem die Kunden selbst die gewünschten Waren in ihren Korb legen und am Ausgang bezahlen können?«

Er mietete ein kleines Ladenlokal und setzte seine Idee um. Inzwischen betreibt er Filialen in Dutzenden kleiner und größerer Städte. Seine Idee hat ihn zu einem reichen Mann gemacht. Seine Selbstbedienungsläden sparen Zeit und damit Geld für die Menschen, die dort einkaufen.

Schauen Sie sich um, und finden Sie heraus, ob Sie nicht auch *Ihre Fantasie* für sich arbeiten lassen können. Fällt Ihnen etwas ein, wie Sie Ihre Arbeit schneller und mit gleicher Qualität erledigen können, dann ist das eine wertvolle Idee. Wissen Sie, wie ein anderer seine Arbeit in kürzerer Zeit erledigen kann, ist das ebenfalls eine wertvolle Idee. Alles, was Zeit und Arbeit spart, ist Geld wert.

Denken Sie daran, und achten Sie stets auf zeitsparende Pläne oder Ideen, denn so ein Plan bringt Sie voran auf dem Weg zum Erfolg.

In den US-amerikanischen Südstaaten wird Baumwolle angebaut. Die Samen wurden früher einfach weggeworfen oder zu großen Haufen aufgeschüttet. Sie waren zu nichts zu gebrauchen, und es kostete Geld, sie zu entsorgen. Eines Tages kam ein junger Mann und sah die großen Haufen Baumwollsamen. Er hob eine Handvoll auf und knackte einen mit den Zähnen. Da stellte er fest, dass sie ein reichhaltiges Öl enthielten. Er füllte eine Blechpfanne mit den Samen und zerquetschte sie mit einem Hammer. Die zerstoßenen Samen schüttete er in einen Sack und presste das Öl heraus. Er stellte fest, dass sich das Öl vielseitig verwenden ließ, und dass sich die ausgepressten Samen als Tierfutter eigneten.

Dieser junge Mann hatte seine *Fantasie* benutzt. Er entdeckte, dass die Samen, die die Baumwollpflanzer einfach wegwarfen, in Wirklichkeit das Wertvollste an der ganzen Ernte waren. Er begann, die Samen aufzukaufen und daraus Öl und Tierfutter herzustellen. So wurde er ein schwerreicher Mann. Seither werden Baumwollsamen überall gesammelt. Aus der *Fantasie* dieses jungen Mannes war ein Millionengeschäft geworden.

Wer einen Weg findet, etwas Werthaltiges sinnvoll zu nutzen, das ansonsten im Abfall landen würde, der setzt seine *Fantasie* produktiv ein. Vielleicht finden auch *Sie* eine Möglichkeit, Ihre *Fantasie* zu gebrauchen, um an Ihrem Arbeitsplatz ein Leck zu flicken oder jemandem Zeit zu sparen. Wer eine solche Gelegenheit auftut, der kommt auf dem Weg zu Erfolg voran.

An der kalifornischen Pazifikküste lag eine Stadt, die so nah wie irgend möglich ans Wasser gebaut worden war. Die Stadt wuchs, bis sie sich über die gesamte verfügbare Fläche erstreckte. An einer Seite ragte zum Meer hin eine steile Anhöhe auf. Das Gefälle war so stark, dass man dort nicht bauen konnte. Am Fuße des Hügels war das Gelände zwar eben, doch die meiste Zeit über mit Rückstauwasser aus dem Meer bedeckt und deshalb als Baugrund zu feucht. Alle hielten das Land dort für wertlos, weil man es nicht bebauen konnte.

Eines Tages kam ein Mann mit *Fantasie* daher. Er stand oben auf der Klippe und schaute hinunter auf den Grund, auf dem sich das Wasser zurückstaute. Da setzte seine *Fantasie* ein und erkannte, was jeder Bürger der Stadt hätte sehen können, hätte er seine *Fantasie* benutzt.

Er wandte sich an den Eigentümer des wasserbedeckten Flachlandes und kaufte es für ein Spottgeld. Dann ging er zum Eigentümer des Steilhangs und erwarb ihn ebenfalls billig. Anschließend kaufte er ein paar Stangen Dynamit und sprengte die Klippe so weg, dass die feuchte Senke aufgeschüttet wurde. Auf diese Weise verwandelte er das gesamte Gelände in attraktives Bauland. Wo einst die Anhöhe war, war der Grund jetzt ebenfalls eben, und er konnte dort Baugrundstücke verkaufen. Dieser Mann verdiente mit *Fantasie* in wenigen Monaten ein Vermögen, indem er das Gelände so umgestaltete, dass es brauchbar wurde.

Schauen Sie sich an Ihrem Arbeitsplatz um. Wenn Sie Ihre *Fantasie* einsetzen, werden Sie bestimmt eine Veränderung erkennen, die Zeit oder Mühen sparen könnte. Sie werden eine Möglichkeit finden, *Ihre Arbeit* schneller zu erledigen oder in derselben Zeit mehr zu leisten. Das wird Ihnen und Ihrem Arbeitgeber finanzielle Vorteile bringen.

Niemand kann in seinem Umfeld Einfluss erlangen oder dauerhaft erfolgreich sein, wenn er nicht die Größe hat, die Schuld für seine Fehler und Misserfolge bei sich selbst zu suchen.

Fantasie ist eines der wichtigsten Themen dieser Lektionen, die Ihnen den Weg zum Erfolg zeigen sollen. Wer bei der Arbeit seine *Fantasie* gebraucht, wird auf jeden Fall weiterkommen.

Vor etwas mehr als 300 Jahren verwendete ein armer Seemann seine *Fantasie* und entdeckte ein neues Land. Das war der wohl lukrativste Einsatz von *Fantasie* in der Weltgeschichte. Der Seemann hieß Christoph Kolumbus. Von der Küste Spaniens schaute er auf den Atlantik hinaus und stellte sich vor, dass es auf der anderen Seite Land geben musste. Er trieb drei kleine Segelschiffe auf und stach in See – auf der Suche nach diesem Land. Er fand es weder am ersten Tag noch in der ersten Woche oder im ersten Monat, doch er segelte weiter. Und schließlich landete er mit seinen Nussschalen in diesem Land.

Weil Kolumbus *Fantasie* hatte, haben wir nun eines der besten, freiesten und reichsten Länder der Welt – ein Land, in dem jeder ein eigenes Heim haben kann, in dem jeder Arbeit finden kann, der arbeiten möchte, in dem jeder glauben kann, was er will, und Gott auf seine Weise verehren. Solche Freiheiten gab es nicht, als Kolumbus herkam, als er auszog, um Amerika zu entdecken. *Ihre Freiheit* in diesem großartigen Amerika wurde möglich, weil Kolumbus seine *Fantasie* einsetzte. Vielleicht können wir durch unsere *Fantasie* heute keine großen Länder mehr entdecken, aber es gibt noch viele Möglichkeiten, dieses Land zu verbessern.

Vor fast 2000 Jahren wurde im alten Land ein Kind geboren. Seine Eltern waren so arm, dass sie nicht einmal ein Dach über dem Kopf hatten – das Kind kam in einem Stall zur Welt. Der Junge erhielt kaum Schulbildung. Er hatte weder reiche Eltern noch viele Freunde. Er hatte nur wenige Freiheiten, da die Menschen zu jener Zeit weniger Freiheiten genossen als wir heute. Im Alter von zwölf Jahren begann dieser Junge, seine *Fantasie* zu benutzen. Er sah, dass die Menschen nicht freundlich miteinander umgingen. Er erkannte, dass die Welt mehr Freundlichkeit und mehr Freiheit brauchte. Er scharte eine kleine Gemeinschaft um sich – vielleicht die erste ihrer Art auf der Welt. Diese Gemeinschaft hatte nur zwölf Mitglieder.

Der Junge wuchs zum Mann heran. Er wurde ein großartiger Prediger. Seine Predigten waren einfach und leicht verständlich – wie alle großen Dinge. Dieser großartige Prediger widmete sein ganzes Leben der Aufgabe, den Menschen zu erzählen, dass Glück das Einzige auf der Welt ist, nach dem es sich zu streben lohnt. Und er sagte ihnen, dass sie nur dann Glück *erlangen* könnten, wenn sie es anderen *schenken*.

Ignorante Zeitgenossen nahmen diesen großartigen Prediger gefangen und schlugen ihn ans Kreuz, bis er starb. Doch seine Botschaft konnten sie nicht töten. Seine Botschaft war stark. Sie fußte auf *Wahrheit* und *Gerechtigkeit,* und nichts kann eine Botschaft aufhalten, die darauf basiert, dass allen Menschen Gerechtigkeit widerfahren soll. Dieser große Prediger hat heute Millionen von Anhängern, die an seine Botschaft glauben. Vielleicht gehören ja auch *Sie* dazu. Wenn ja, dann kennen Sie vielleicht seine bedeutendste Predigt – die Bergpredigt, die bei Matthäus in der Bibel nachzulesen ist. Darin mahnte uns der große Prediger: »Alles nun, was ihr wollt, dass euch die Leute tun sollen, das tut ihnen auch.« Eine gute Lebensregel. Es gibt sie schon seit 2000 Jahren, und es hat noch nie jemand dagegen verstoßen, ohne sich selbst zu schaden.

Der Gedanke an diesen großen Prediger – Jesus Christus – sollte uns vor Augen führen, dass er sein ganzes Leben der Aufgabe gewidmet hat, den Menschen zu zeigen, dass das einzig Wertvolle auf dieser Welt Glück ist – und das wir Glück nur *erlangen* können, indem wir es anderen *schenken*.

Eines Tages machte sich ein junger Mann auf einem Floß auf und fuhr den Mississippi hinunter. Er war in einer Blockhütte mit Lehmboden geboren worden. In New Orleans sah er, wie weiße Männer andere Menschen – männlich und weiblich – als Sklaven verkauften. Er fand es nicht richtig, dass Männer und Frauen als Sklaven verkauft wurden.

Es vergingen viele Jahre. Aus dem jungen Burschen vom Land wurde ein Mann. Er hatte in der Bibel von dem großen Prediger gelesen, der in einem Stall geboren worden war. Und er erinnerte sich, dass dieser Prediger gesagt hatte »was ihr wollt, dass euch die Leute tun sollen, das tut ihnen auch«.

Der Sklavenhandel schien ihm eine Praxis, die nicht der Lehre von Jesus Christus entsprach. Und er beschloss, die Sklaverei in Amerika zu beenden. Viel später bekam er seine Chance. Das amerikanische Volk wählte ihn zum Präsidenten. Da schaffte er die Sklaverei ab. Dieser Mann – Lincoln – ging uns mit gutem Beispiel voran. Er gab sein Leben, damit dieses Land so frei bleiben sollte wie kein anderes auf der Welt.

Lincoln glaubte an Gerechtigkeit für alle. Er glaubte, wir sollten ehrlich und wahrhaftig miteinander umgehen. Er glaubte, wir sollten uns in den Läden und Geschäften und überall, wo sich Menschen begegnen, nach der Goldenen Regel richten. Wir hatten nie einen besseren Präsidenten als Lincoln. Er glaubte, jeder in Amerika habe das Recht auf Freiheit. Er glaubte, ein Mensch habe das Recht auf die Früchte seiner Arbeit, ganz gleich, ob er weiß oder schwarz war. Er glaubte, dass jeder in diesem großartigen Land das Recht auf Schutz habe, solange er sich anständig benahm.

Verwenden Sie *Ihre* Fantasie. Vielleicht vollbringen ja auch Sie etwas, das Ihren Namen unter die Unsterblichen katapultiert, die über das Mittelmaß hinausgewachsen sind.

FÜNFTES KAPITEL

BEGEISTERUNG

Auf dem fünften Wegweiser zum Erfolg steht: *Begeisterung*. Jeder mag Menschen, die mit Begeisterung und guter Laune bei der Sache sind. *Begeisterung* erleichtert die Arbeit und lässt die Zeit verfliegen. *Begeisterung* ist »ansteckend«. Sie geht auf andere über. Kein Verkäufer kann erfolgreich sein, wenn er nicht von dem Produkt begeistert ist, das er vertreibt.

In Arizona sitzt ein junger Mann im Gefängnis, der zu einer lebenslänglichen Haftstrafe verurteilt wurde. Bevor er ins Gefängnis kam, war er ein übellauniger Mensch, der nie mit Begeisterung an die Arbeit ging. Er hatte ständig Probleme und brachte nichts erfolgreich zu Ende. Als er seine lebenslange Freiheitsstrafe antrat, merkte er schnell, dass das Gefängnis ein sehr einsamer Ort war für einen Menschen, der sich für nichts *begeistern* konnte. Also tat er zunächst so, als sei er von seiner Arbeit begeistert. Er ging mit einem Lächeln auf den Lippen ans Werk und strengte sich an, als würde er dafür bezahlt. Bald schon machte ihm die gespielte »*Begeisterung*« richtig Spaß. Das erregte die Aufmerksamkeit der Vollzugsbeamten, und sie gestanden ihm mehr Freiheiten zu.

Er begann zu schreiben, wenn er Zeit fand. Zunächst übte er sich an Werbebriefen. Das konnte er bald so gut, dass es Geschäftsleuten ins Auge fiel, die seine Briefe kauften. Seine Briefe lasen sich gut, weil er sie mit *Begeisterung* schrieb. Die Vollzugsbeamten räumten ihm immer mehr Freiheiten ein, sodass er heute an seinen Schriften gut verdient. Das sollte den einen oder anderen, der nicht im Gefängnis sitzt, dazu anregen, über *Begeisterung* nachzudenken. Irgendwann wird der Häftling begnadigt werden. Dann wird er in Freiheit Erfolge feiern. Wer mit Begeisterung an seine Arbeit geht, dem macht sie nicht nur mehr Spaß, sondern er wird damit auch bald mehr Geld verdienen.

Vor gar nicht so vielen Jahren bestieg Edwin C. Barnes einen Güterzug nach Orange, New Jersey. Dort wollte er sich bei Thomas A. Edison um eine Stelle bewerben. Er bekam den Job, wurde anfangs aber nicht sehr gut bezahlt. Die Arbeit war nicht leicht, doch Barnes war entschlossen, für Edison zu arbeiten – ganz gleich, in welcher Funktion er dort anfangen musste.

Edison war ein ausgesprochen kluger Mann. Er wollte Barnes auf die Probe stellen. Deshalb gab er ihm einen harten, schlecht bezahlten Job. Er wollte wissen, wie lange Barnes durchhalten würde und wie groß sein Wunsch war, für Edison zu arbeiten. Barnes ging mit *Begeisterung* an seine Aufgabe. Er setzte sich ein, als würde er in der Firma am allermeisten verdienen. Er lächelte bei der Arbeit. Bald hatten ihn alle in Edisons Werk ins Herz geschlossen. Obwohl die Arbeit schwer und die Bezahlung gering war, brachte er vollen Einsatz und machte sich unentbehrlich.

Das ist noch gar nicht so lange her. Barnes ist noch ein junger Mann, zeigte aber so große *Begeisterung* bei der Arbeit, dass er immer wieder befördert wurde. Inzwischen hat er eigene Büros in New York, St. Louis und Chicago, in denen er Diktiergeräte namens Ediphon verkauft. Er ist ein reicher Mann mit einem schönen Haus in Bradenton, Florida.

Ein gewaltiger Schritt für einen jungen Kerl, der in einem Güterwaggon nach Orange, New Jersey, fuhr, weil er kein Geld für eine Fahrkarte hatte. Barnes' Aufstieg zu Erfolg und Reichtum ist vor allem seiner *Begeisterung* für seine Arbeit zu verdanken. Wer seine Arbeit nicht gern tut, der ist ihr Sklave. Wer sie aber mit *Begeisterung* erledigt, der beherrscht sie. Sicher ist Ihnen klar, was Barnes passiert wäre, hätte er sich über die harte Arbeit und den niedrigen Lohn beklagt, die ihm Edison anfangs zumutete. Doch er machte das Beste daraus, und schon bald bot sich ihm ein besserer Job mit höherer Bezahlung.

Machen Sie sich einen Monat lang an Ihre Arbeit, als wäre sie ein Spiel. Ganz gleich, ob Ihnen gefällt, was Sie tun oder nicht – erledigen Sie alles mit *Begeisterung*, als würden Sie es gern tun. Sie wissen ja: Dem Häftling im Gefängnis in Arizona gelang es, eine Zwangsarbeit *begeistert* zu tun, für die er keinen Lohn erhielt. Und die Vollzugsbeamten gewährten ihm mehr Freiheiten und interessierten sich für seine Entwicklung, weil er diese *Begeisterung* an den Tag legte. Ihnen geht es so viel besser als dem Mann, der hinter düsteren Gefängnismauern einsitzt. Deshalb wird es Ihnen viel leichter fallen als ihm, *Begeisterung* vorzuspielen.

Spielen Sie einen Monat lang den *Begeisterten*, ganz gleich, was die anderen tun. Erzählen Sie niemandem, warum. Sie werden sehen, das Spiel wird Ihnen viel Spaß machen. Sie werden feststellen, dass die Menschen sich mehr für Sie interessieren. Sie werden merken, dass Ihr Chef auf Sie aufmerksam wird. Sagen Sie nichts, bleiben Sie nur unbeirrt bei der Sache. Denken Sie immer daran: Sie sind auf dem Weg zum Erfolg, und auf dem Schild an der Straße stand, dass Sie einen Monat lang *Begeisterung* vorspielen sollen. Auch wenn Ihnen diese Anweisung zunächst nicht so richtig einleuchtet – lange vor Ablauf des Monats werden Sie sehen, dass es sich trotzdem lohnt, sich daran zu halten.

Zwei Landstreicher treffen sich in einer dunklen, regnerischen Nacht in einem Güterwaggon. Einer hatte früher von 10 bis 16 Uhr als Vertreter gearbeitet, und beide hatten keinen Penny. Sie unterhielten sich über ihre Situation. Der eine sagte zum anderen: »Ich war bei einer Firma, die Wert auf regelmäßige Arbeitszeiten legte. Dort wurde viel über *Begeisterung* und solchen Quatsch gesprochen, aber damit konnten sie bei mir nicht landen. Ich habe ihnen gesagt, ich würde das auf meine Art machen oder gar nicht. Tja, meine Art hat ihnen nicht gefallen, also bin ich meiner Wege gegangen.«

Der andere Landstreicher war ein cleverer Kerl, hatte sich aber mit Whiskey und Glücksspiel ruiniert. Er hörte seinem Kumpanen eine Zeit lang zu und fragte ihn dann: »Wie kommt es, dass jemand wie du, Bill, der so genau weiß, wie seine Firma ihre Geschäfte machen sollte, hier im Güterwaggon sitzt statt im Salonwagen?«

Die Frage trifft den Nagel auf den Kopf! Ist Ihnen in Ihrem persönlichen Umfeld schon einmal aufgefallen, dass Menschen, die gescheitert sind, gewöhnlich andere kritisieren, die es weit gebracht haben?

Sie werden feststellen, dass *erfolgreiche* Menschen zu beschäftigt sind, um auf ihr Land, ihre Regierung, ihre Kollegen oder ihren Chef zu schimpfen. Sie werden merken, dass erfolgreiche Menschen mit *Begeisterung* bei der Sache sind. Sie müssen nicht erklären, wie sie ihren Job verloren haben. Sie werden außerdem sehen, dass Menschen, die *begeistert* bei der Arbeit sind, stets die besten Leistungen bringen und am meisten verdienen – und dass solche, die nie *Begeisterung* zeigen und sich dauernd über ihre harte Arbeit und ihren niedrigen Lohn beschweren, die ersten sind, die auf der Straße stehen, wenn es hart auf hart kommt.

SECHSTES KAPITEL

HANDELN

Auf dem sechsten Schild an der Straße des Erfolgs steht: *Handeln*. Der Mensch mag hundert Millionen Mal so groß sein wie eine Biene, doch die Biene ist hundert Millionen Mal so intelligent.

Der Mensch blickt mit Stolz auf seine Werke – auf die großartigen Wolkenkratzer am Horizont und sagt sich: »Schaut her, was ich für ein tolles Geschöpf bin. Seht nur, was für große Gebäude ich errichtet habe. Seht, was die Evolution aus der Spezies Mensch gemacht hat. Seht, welchen Wohlstand ich erlangt habe.«

Die kluge kleine Biene, die am Eingang zum Bienenstock Wache hält, hört, wie sich der Mensch rühmt, und entgegnet: »Ja, sicher, du hast das Antlitz der Erde maßgeblich verändert. Du hast aus Sand und Steinen Hochhäuser gebaut. Du hast leistungsfähige Lokomotiven entwickelt. Du hast die Luft erobert und herausgefunden, wie weit es zu den Sternen ist. Eines aber hast du trotz all deiner Errungenschaften versäumt – nämlich das Potenzial in deinem Kopf zu erschließen. Und du hast auch den Gemeinschaftsgeist nicht entdeckt. Du musst erst noch herausfinden, dass es auf der Welt mehr gibt als dein persönliches Wohl, wofür es sich zu arbeiten lohnt. Du verfolgst das selbstsüchtige Ziel, deinen Kollegen wegzunehmen, was sie erworben haben. Du hast noch nicht den ›Geist des Bienenkorbs‹ entdeckt, nach dem wir kleinen Bienen leben. Wir sammeln Honig, damit es dem ganzen Volk gut geht, während du Geld anhäufst, das deinen Kollegen fehlt, und über sie bestimmst, um dich selbst zu bereichern.«

Was für ein großartiges kleines Insekt die Biene doch ist! Und wie viel wir von ihr lernen können, wenn wir sie nur beobachten, ihr Verhalten analysieren und darüber nachdenken. Die Biene ist das einzige Lebewesen auf der Welt, das schon vor der Geburt sein Geschlecht steuern und bestimmen kann. Der Mensch in all seiner Weisheit und trotz all seiner Errungenschaften und seines Wissens über Biologie und Physiologie kann das nicht. Besorgen Sie sich ein Buch über Bienen, und lesen Sie nach. Gehen Sie zu einem Bienenstock, legen Sie sich davor, und beobachten Sie die Biene bei der Arbeit. Sie ist ein interessantes kleines Insekt, von dem Sie viel Nützliches lernen können.

In jedem Bienenstock gibt es drei Arten von Bienen. Da ist zunächst einmal die Königin, also die Mutter beziehungsweise das Bienenweibchen. Sie legt Eier und sorgt dafür, dass die Art fortbesteht. Das ist ihre einzige Aufgabe. Dann gibt es die Drohne – die männliche Biene. Sie hat nur eine Funktion: die Eier zu befruchten, die das Weibchen legt. Und schließlich sind da noch die Arbeiter – die kleinen, cleveren Kerlchen, die den Honig aus den Blumen sammeln und speichern, damit der ganze Stock etwas davon hat. Sie sind weder männlich noch weiblich.

In jedem Stock gibt es nur ein Weibchen – nur eine Königin. Wirft ein Junge einen Stein in den Bienenstock und tötet die Königin oder sie stirbt aus einem anderen Grund, befruchten die anderen Bienen *durch einen nur ihnen bekannten Prozess* sofort ein Ei, aus dem in kürzester Zeit eine neue Königin wird.

Hat die männliche Biene die Aufgabe erfüllt, für die sie die Natur vorgesehen hat, stürzen sich die Arbeitsbienen auf sie und stechen sie zu Tode. Im »Bienenreich« gilt die Devise: Wer nicht arbeitet, muss gehen. Kein schlechtes System.

Sie werden merken, dass die meisten Bienen in jedem Bienenstock Arbeiter sind. Das ist keine Laune der Natur. Sie hat diese Insekten mit einer Methode ausgestattet, Drohnen, Weibchen und Arbeiter in genau dem Verhältnis hervorzubringen, die sie festlegen.

Das Wichtigste, was sich der Mensch von der Biene abschauen kann, ist ihre Selbstlosigkeit. Die Bienen arbeiten mit Gemeinschaftsgeist. Ihnen geht es um mehr als um sich selbst. Sie arbeiten *für* ihre Mitgeschöpfe – nicht gegen sie. Sie sammeln Honig in einem gemeinschaftlichen Lager, von dem der gesamte Stock zehren kann.

Was wäre, wenn der eigensüchtige, kleinliche, eingebildete Mensch so handelte? Was, wenn der Mensch die Früchte seiner Arbeit mit seinen Mitmenschen teilte, auch wenn er dadurch nicht mehr *bekommt* als er *gibt*?

Der Mensch hat sich in mancher Hinsicht viel weiterentwickelt als die Biene. Vielleicht ist er aber zu weit gegangen und von den Plänen der Natur abgewichen, als er sich des »Gemeinschaftsgeistes« entledigt und damit angefangen hat, gegen seine Mitmenschen zu arbeiten und sie um ihr Vermögen zu betrügen?

Wir maßen uns nicht an, die Pläne der Natur zu kennen, aber wir haben den dringenden Verdacht, dass der Mensch erst in den Genuss aller Segnungen kommt, die für ihn bereitstehen, wenn er den Geist der Gier, die Neigung, zu *nehmen*, ohne zu *geben*, überwindet und sich wieder angewöhnt, wie die Bienen für den ganzen »Stock« zu arbeiten.

Eines weiß ich sicher: Das einzig wahre Glück, das ich empfinde, entspringt dem Dienst an meinen Mitmenschen. Diese Wahrheit haben sicherlich auch viele andere bereits für sich entdeckt.

Sind Sie unglücklich und haben schon überall nach dem Grund dafür gesucht? Dann sollten Sie Ihr Herz in den Blick nehmen

und die Gedanken prüfen, denen Sie nachhängen. Vielleicht finden Sie ihn dort.

Die Goldene Regel legt einen Grundsatz fest, der mehr ist als nur eine Predigt. Er weist Sie an, loszugehen und sich zu nehmen, was Sie wollen, indem Sie zunächst selbst etwas geben.

Ob der Mensch das von der Goldenen Regel vorgegebene Konzept von der emsigen kleinen Biene übernommen hat oder ob der Gemeinschaftsgeist der Biene auf die Goldene Regel zurückgeht, wissen wir nicht. Eines ist aber gewiss: Das der Philosophie der Goldenen Regel zugrunde liegende Gesetz ist so unumstößlich wie das Gravitationsgesetz, das dafür sorgt, dass die Planeten des Universums in ihrer Bahn bleiben.

Und ob sich ein Mensch dessen bewusst ist oder nicht: Wie er sich seinen Mitmenschen gegenüber verhält, fällt vielfach auf ihn zurück. Man zieht stets die Menschen und Kräfte an, die sich genau mit den eigenen Gedanken und Taten decken. Das ist unausweichlich. Es entspricht einem Gesetz des Universums.

In dem Konflikt und all den chaotischen Querelen zwischen dem, was wir Kapital und Arbeit nennen, erkennen wir eine deutliche Antithese zum »Geist des Bienenstocks«. Was für eine wertvolle Lektion beide Seiten von der bescheidenen kleinen Honigbiene lernen könnten!

Noch einmal: Wir sind überzeugt, dass jeder echte Erfolg auf nützliche Dienste zurückgeht – Dienste, die anderen zu finanziellem Erfolg und Glück verhelfen. Jede Leistung, die kein solcher Dienst ist, ist kein Erfolg, sondern ein Fehlschlag! Unserer Ansicht nach muss sich der Mensch erst den »Geist des Bienenstocks« aneignen, bevor er weitere Fortschritte machen kann. Wir merken immer wieder, wie fruchtlos es ist zu *nehmen*, ohne zu *geben*. Doch um etwas *geben* zu können, müssen wir uns vorbereiten, üben und darauf hinarbeiten. Wir müssen Gemeinschaftsgeist entwickeln.

Was ich damit sagen will, hat George Harrison Phelps in seinem Büchlein *Go!* besonders treffend formuliert. Die Geschichte handelt von Ben Hur und seinem berühmten Wagenrennen:

»Das große Rennen des Tages geht auf sein Ende zu. Die Wagenlenker nähern sich der letzten Kurve vor dem Ziel vor der königlichen Loge. Alle beugen sich gespannt vor. Außer dem Getrappel der Pferde, dem Donnern der Wagen und den Rufen der Wagenlenker ist in dem riesigen Kolosseum kein Laut zu hören.

Das Tempo ist mörderisch. Ben Hur liegt an zweiter Stelle. Sie nähern sich der letzten Biegung. Da stürzt der erste Wagen. Fahrer, Wagen und Pferde rollen vor Ben Hur. Wie der Blitz greift er fest in die Zügel, hebt die Pferde förmlich in die Höhe und über die im Wege liegenden Körper hinweg.

Als er auf die Zielgerade einbiegt, ruft ihm Artimidora aus der Königsloge zu: ›Diese Arme – woher hast du solche Arme?‹

Er ruft zurück: ›Vom Ruder einer Galeere! Vom Ruder einer Galeere!‹

Im Bauch einer Trireme hatte Ben Hur die mächtigen Arme entwickelt, die ihm den Sieg eintrugen. Jahrelang hatte er mit hundert anderen Sklaven halbnackt und schwitzend das große Ruder bewegt, mit der Peitsche im Rücken.

Wie Emerson sagte: ›Tu es, und du wirst Einfluss haben.‹ Nach der jahrelangen Fronarbeit Ben Hurs war es für ihn ein Leichtes, die Pferde über den gestürzten Wagen zu heben und ganz nach vorne zu fahren.

Eine große Leistung zu vollbringen, ist nicht schwer – es sind die Jahre, die Stunden, die Momente der Vorbereitung, auf die es ankommt. Thomas Edison konnte den Wert der Glühlampe in kaum 20 Minuten demonstrieren – doch er hatte ein Leben lang nach dem idealen Glühdraht gesucht. Abraham Lincoln schrieb die wichtigste englischsprachige Rede aller Zeiten – die Gettysburg-Ansprache – eine Stunde, bevor er sie hielt, auf die Rückseite eines Briefumschlags. Doch aus jedem Wort sprechen die profunde Kenntnis, der unbezähmbare Geist, das grenzenlose Mitgefühl, das ganze Leben Lincolns.

Streben Sie – unbeirrt, geduldig und jeden Tag – nach dem Höchsten und Besten. Dann werden sich auch Ihnen Gelegenheiten für bedeutsame Handlungen bieten, wie sie sich allen großen Menschen geboten haben. Die Straße zum Erfolg ist ein Kampf. Streben Sie im Kleinen nach Perfektion, dann sind Sie bereit, wenn es ums Ganze geht. Ihre Stärke beziehen Sie aus dem Schweiße Ihres Angesichts, aus den Wirren Ihrer Gedanken und den Sehnsüchten Ihrer Seele.«

Um das Rennen zu gewinnen, müssen Sie erst einmal Galeerensklave werden.

Bevor Sie aber in das Rennen starten, das für Sie über Erfolg und Fehlschlag entscheidet, können Sie eine Menge von der kleinen Honigbiene lernen – und das ist *durchzuhalten*! Ganz gleich, wie oft der Mensch den Speicher der Biene leert, sie wird jedes Mal aufs Neue beginnen, ihn wieder mit Honig zu füllen. Noch keine Biene hat sich je darüber beschwert oder geklagt, dass die Früchte ihrer Arbeit entwendet wurden. Wie anders als der Mensch ist die Biene in dieser Hinsicht. So lange sie Honig sammeln kann, macht sie einfach weiter.

Sie werden auf Ihrem Lebensweg auf viele Hindernisse stoßen. Sie werden immer wieder mit Misserfolgen konfrontiert werden. Denken Sie immer daran: Aus jedem Hindernis, das man überwindet, und jedem Fehlschlag, den man übersteht, kann man etwas

Wichtiges lernen. Es gehört zum Plan der Natur, Ihnen Hindernisse in den Weg zu legen. Und mit jeder Hürde, die Sie überwinden, werden Sie stärker und sind besser auf die nächste vorbereitet. Hindernisse sind lediglich die nötigen Hürden, die Ihnen beibringen, hoch genug zu springen, und die Sie fit machen für das große Rennen des Lebens.

Sind Sie mit dem festen Vorsatz ins neue Jahr gestartet, am Arbeitsplatz *mehr* und *bessere* Leistungen zu bringen, als die, für die Sie bezahlt werden? Dann dürfte dies Ihr erfolgreichstes Jahr werden.

Sparen Sie sich Ihr Mitleid mit Menschen, die viel Schlimmes erlebt und zahllose Hindernisse überwunden haben. Sie sind durchaus in der Lage, sich selbst zu helfen. Wenn Sie Mitleid übrig haben, dann sollte es all jenen gelten, die mit einem Silberlöffel im Mund zur Welt kamen, keinen Hunger kennen und nie erlebt haben, dass ihnen ein Wunsch unerfüllt blieb. Die anderen kommen schon zurecht, denn *das haben sie am Ruder auf der Galeere gelernt.*

Seinen Job hinschmeißen, wenn etwas schiefläuft, kann jeder. Doch aus dem richtigen Holz geschnitzt sind diejenigen, welche die Hindernisse überwinden, statt wegen diesen aufzugeben. Ist ihnen das erst gelungen, wollen sie nicht mehr aufhören.

SIEBTES KAPITEL

SELBSTBEHERRSCHUNG

Eine persönliche Bestandsaufnahme meiner 36-jährigen Lebenserfahrung

Im folgenden Leitartikel führt Napoleon Hill die seiner Ansicht nach wichtigsten Lehren an, die er von frühester Kindheit bis zur Gegenwart erfahren hat.

Oft habe ich Menschen sagen hören: »Wenn ich noch einmal von vorne anfangen könnte, würde ich alles anders machen!« Ich für meinen Teil kann nicht behaupten, dass ich an meinem Leben etwas ändern würde, wenn ich es noch einmal leben könnte. Das soll nicht heißen, ich hätte keine Fehler gemacht. Mir scheint, ich habe sogar mehr Fehler gemacht als der Durchschnittsmensch. Doch aus diesen Fehlern kam eine Erleuchtung, die mir wahres Glück und jede Menge Gelegenheiten eintrug, auch anderen zu diesem so heiß ersehnten Gemütszustand zu verhelfen.

Mit jedem Lebensjahr wächst meine Überzeugung, dass es Verschwendung von Lebenszeit ist, Liebe nicht zu schenken, Einfluss nicht zu nutzen, selbstsüchtig Vorsicht walten zu lassen, um nur ja nichts zu riskieren, und sich dadurch nicht nur vor schmerzlichen Erlebnissen zu drücken, sondern auch das Glück zu verpassen.

Ich bin felsenfest davon überzeugt, dass wir aus jedem Misserfolg viel lernen können, und dass sogenannte Fehlschläge die Voraussetzung dafür sind, dass sich nennenswerte Erfolge einstellen. Mir ist absolut klar, dass es zum Plan der Natur gehört, Menschen Knüppel zwischen die Beine zu werfen, und dass Bildung nicht in erster Linie durch Bücher oder Lehrer vermittelt wird, sondern durch das beständige Streben danach, diese Hindernisse zu überwinden. Ich bin mir sicher, dass die Natur Menschen Steine in den Weg legt wie ein Trainer, der die Hürden und Hindernisse für ein Pferd so hoch hängt, dass es immer höher springt.

Heute habe ich Geburtstag, und den will ich feiern, indem ich den Lesern des kleinen, braun eingebundenen Heftes ein paar der Lektionen, die mich meine Fehlschläge gelehrt haben, genau schildere. Fangen wir gleich mit meinem Lieblingsthema an – der Überzeugung, dass man nur dann wahres Glück erfahren kann, wenn man andere glücklich macht.

Vielleicht ist es ja nur ein Zufall, dass im Grunde 25 meiner 36 bisherigen Lebensjahre ausgesprochen unglücklich waren und ich erst an dem Tag Glück verspürte, als ich begann, anderen zum Glück zu verhelfen. Das glaube ich aber nicht. Ich glaube, es ist viel mehr als ein Zufall – meiner Überzeugung nach entspricht es genau dem Gesetz des Universums.

Meine Erfahrung hat mich gelehrt, dass ein Mensch, der Leid sät, nicht erwarten kann, Glück zu ernten – genauso wenig wie jemand Disteln säen und erwarten kann, dass Weizen wächst. Aus vielen Jahren sorgfältiger Studien und Analysen weiß ich Eines gewiss: Man erhält immer genau das zurück, was man *gibt* – und zwar doppelt und dreifach, ganz gleich, ob es sich um einen flüchtigen Gedanken oder um eine konkrete Tat handelt.

Aus materieller, wirtschaftlicher Sicht gehört zu den Grundwahrheiten, die sich mir erschlossen haben, dass es sich reichlich auszahlt, mehr und bessere Leistungen zu bringen, als die, für die man bezahlt wird – denn es ist ganz sicher nur eine Frage der Zeit, bis man für mehr bezahlt wird, als man leistet. Diese Gewohnheit, sich jeder Aufgabe mit Hingabe zu widmen, ganz gleich, wie sie bezahlt wird, bringt einen auf dem Weg zu materiellem, finanziellem Erfolg weiter als jeder andere Aspekt, den ich erwähnen könnte.

Beinahe genauso wichtig ist es aber, grundsätzlich zu vergeben und zu vergessen, wenn uns unsere Mitmenschen Unrecht tun. Das gewohnheitsmäßige »Revanchieren« bei anderen, die uns Ärger bereiten, ist eine Schwäche, die nur denjenigen abwertet und schädigt, der ihr nachgibt. Eines weiß ich sicher: Keine Lektion hat mich so viel gekostet wie jene, die ich lernte, indem ich stets mein »Pfund Fleisch« einforderte und es quasi als meine Pflicht ansah, anderen jede Beleidigung und jede Ungerechtigkeit heimzuzahlen.

Ich bin felsenfest überzeugt, dass *Selbstbeherrschung* zum Wichtigsten gehört, was ein Mensch erlernen kann. Niemand kann größeren Einfluss auf andere ausüben, solange er sich nicht selbst unter Kontrolle hat. Besonders aufschlussreich erscheint mir das im Hinblick darauf, dass die meisten großen Führungspersönlichkeiten der Welt Menschen waren, die sich nur schwer aus der Ruhe bringen ließen. Die größte Leitfigur aller Zeiten, die uns die wichtigste Philosophie der Welt, die in der Goldenen Regel verewigt ist, vermittelt hat, war ein Mann, der Toleranz und *Selbstbeherrschung* verkörpert hat.

»Ich habe nie etwas erreicht ohne harte Arbeit, Entscheidungen nach bestem Wissen, sorgfältige Planung und Vorbereitung von langer Hand. Ich musste nicht nur meinen Körper mühevoll und bis über die Schmerzgrenze trainieren, sondern auch meine Seele und meinen Geist.«

– Theodore Roosevelt

Nach meiner Überzeugung ist es ein verhängnisvoller Fehler, davon auszugehen, auf den eigenen Schultern liege die Last, die Welt »umzugestalten« oder die natürliche Verhaltensordnung der Menschen zu verändern. Ich bin sicher, dass die ureigenen Pläne der Natur recht schnell greifen, ohne dass sich Menschen einmischen, die sich anmaßen, ihr auf die Sprünge zu helfen oder sie von ihrem Kurs abzubringen. Solche Anmaßung bringt nur Streit, Meinungsverschiedenheiten und böses Blut.

Ich habe zumindest zu meiner persönlichen Genugtuung gelernt, dass ein Mensch, der andere aufhetzt und Unfrieden stiftet, ganz gleich, aus welchem Grund, keinen wirklich konstruktiven Zweck im Leben erfüllt. Es zahlt sich grundsätzlich besser aus, zu fördern und aufzubauen, als zu bremsen und einzureißen.

Seit ich diese Zeitschrift veröffentliche, lebe ich nach dem Grundsatz, meine Zeit und die Leitartikelseiten Themen zu widmen, die konstruktiv sind, und alles Destruktive mit Nichtachtung zu strafen. Nichts, was ich in meinen bisherigen 36 Lebensjahren angefangen habe, hat mir so viel Erfolg und wahres Glück gebracht wie meine Arbeit an diesem Heft. Praktisch vom ersten Tag an, an dem die erste Ausgabe in den Kiosken lag, waren meine Bemühungen von größerem Erfolg gekrönt, als ich es mir je erhofft hatte. Damit meine ich nicht unbedingt finanziellen Erfolg, sondern den höheren, subtileren Erfolg, der sich in dem Glück manifestiert, das diese Zeitschrift anderen gebracht hat.

Aus langjähriger Erfahrung weiß ich, dass es ein Zeichen von Schwäche ist, wenn man sich von Bemerkungen feindlich gesonnener oder vorurteilsbehafteter Personen gegen einen Menschen beeinflussen lässt. Man darf sich erst dann als *selbstbeherrscht* und klar denkend bezeichnen, wenn man gelernt hat, sich selbst eine Meinung über andere zu bilden – nicht aufgrund der Ansicht eines Dritten, sondern weil man es besser weiß. Eine der schädlichsten, destruktivsten Angewohnheiten, die ich ablegen musste, war, mich von voreingenommenen, vorurteilsbehafteten Menschen gegen andere aufbringen zu lassen.

Ein weiterer großer, geradezu verhängnisvoller Fehler ist, wie ich aus wiederholter eigener Erfahrung gelernt habe, schlecht über andere zu sprechen – ob *mit* oder *ohne* Grund. Die persönliche Entwicklung aufgrund eigener Fehler, die mir die größte echte Genugtuung gebracht hat, ist in dem Wissen geschehen, dass ich einigermaßen zuverlässig gelernt hatte, meinen Mund zu halten, wenn ich nichts Nettes über andere zu sagen wusste.

Diese angeborene menschliche Neigung, »sich den Mund über seine Gegner zu zerreißen«, habe ich aber erst zu beherrschen gelernt, nachdem ich das Gesetz der Vergeltung begriffen hatte. Demzufolge erntet jeder, was er sät – ob mit Worten oder mit Taten. Ich kann mich dieser Tendenz noch längst nicht immer entziehen, doch zumindest habe ich im Kampf dagegen einen guten Anfang gemacht.

Meiner Erfahrung nach sind die meisten Menschen von Natur aus ehrlich. Solche, die wir gewöhnlich als unehrlich bezeichnen, sind oft Opfer ihrer Umstände, auf die sie nicht immer Einfluss haben. Bei der Herausgabe dieser Zeitschrift war es für mich von großem Vorteil, zu wissen, dass Menschen von Natur aus dazu neigen, dem Ruf gerecht zu werden, der ihnen vorauseilt.

Meiner Überzeugung nach sollte jeder im Leben mindestens einmal die schmerzliche, doch wertvolle Erfahrung machen, wie es ist, von der Presse attackiert zu werden und sein Vermögen zu verlieren. Denn wenn es hart auf hart kommt, erkennt man seine wahren Freunde. Freunde stehen dann zu Ihnen, die »Heuchler« gehen in Deckung.

Neben anderen interessanten Erkenntnissen über das Wesen der Menschen habe ich erfahren, dass man andere zutreffend danach beurteilen kann, welche Menschen sie anziehen. Die alte Redensart »Gleich und gleich gesellt sich gern« ist eine solide Philosophie. Im gesamten Universum sorgt dieses Gesetz der Anziehung, wie man es auch nennen könnte, laufend dafür, dass Ähnliches zusammenfindet. Ein fähiger Detektiv hat mir einmal erzählt, er richte sich bei der Verfolgung von Kriminellen und Gesetzesbrechern hauptsächlich nach dem Gesetz der Anziehung.

Meiner Erfahrung nach muss ein Mensch, der im öffentlichen Dienst stehen will, bereit sein, viel aufzugeben und Beschimpfungen und Kritik auszuhalten, ohne den Glauben an und die Achtung vor seinen Mitmenschen zu verlieren. Man findet im öffentlichen Dienst kaum jemanden, dessen Motive nicht von genau den Menschen infrage gestellt werden, die am meisten von seiner Arbeit profitieren.

Der Mensch, welcher der Welt den größten Dienst aller Zeiten erwiesen hat, zog sich nicht nur den Unmut vieler seiner Zeitgenossen zu – ein Unmut, der sich bis heute vererbt zu haben scheint –, sondern verlor dabei sogar sein Leben. Man nagelte ihn ans Kreuz, stach ihm eine Lanze in die Seite und folterte ihn, indem man ihm ins Gesicht spuckte, während langsam das Leben aus ihm wich. Er war ein großartiges Vorbild mit seinen letzten Worten, die wohl folgendermaßen lauteten: »Vergib ihnen, Vater, denn sie wissen nicht, was sie tun.«

Wenn mir vor Wut über das Fehlverhalten anderer das Blut in den Kopf steigt, finde ich Trost in der Tapferkeit und Geduld, mit welcher der große Philosoph seine Folterknechte betrachtete, während sie ihn langsam zu Tode quälten – obwohl er sich nichts anders hatte zu Schulden kommen lassen, als zu versuchen, andere glücklich zu machen.

Meiner Erfahrung nach schaffen es Menschen, die der Welt vorwerfen, sie hätten nie eine Chance gehabt, in ihrem gewählten Metier erfolgreich zu sein, statt die Schuld bei sich selbst zu suchen, selten in das *Who's Who*. Erfolgschancen muss sich jeder selbst verschaffen. Wer nicht eine gewisse Bereitschaft mitbringt, zu kämpfen, der wird auf dieser Welt nicht viel erreichen – und auch nichts besitzen, was bei anderen hoch im Kurs steht. Ohne Kampfgeist verfällt ein Mensch leicht in Armut, Elend und Misserfolg. Um das Gegenteil zu erreichen, muss er bereit sein, für seine *Rechte* einzutreten. Die Betonung liegt dabei wohlgemerkt auf seinen »Rechten«! Und die einzigen »Rechte«, auf die ein Mensch Anspruch hat, sind jene, die er sich durch erbrachte Leistungen *erwirbt*. Vielleicht sollten wir uns gelegentlich ins Gedächtnis rufen, dass diese »Rechte« ihrem Wesen nach genau den erbrachten Leistungen entsprechen.

Aus Erfahrung weiß ich, dass es für ein Kind keine größere Belastung beziehungsweise keinen schlimmeren Fluch gibt als den bedingungslosen Zugang zu Reichtum. Wer sich näher mit der Geschichte auseinandersetzt, wird feststellen, dass die meisten Menschen, die für die Gesellschaft und die Menschheit Großes vollbracht haben, aus der Armut aufgestiegen sind.

Die ultimative Feuerprobe für einen Menschen besteht meiner Ansicht nach darin, ihm grenzenlosen Reichtum zur Verfügung zu stellen. Reichtum, der den Anreiz nimmt, konstruktive, nützliche Arbeit zu leisten, ist ein Fluch für alle, die ihn auf diese Weise nutzen.

Der Mensch sollte sich nicht vor der Armut in Acht nehmen –, sondern sollte sich viel mehr vor Reichtum und der damit verbundenen Macht, im Guten wie im Bösen, hüten.

Persönlich betrachte ich es als großes Glück, dass ich in Armut hineingeboren wurde. In späteren Jahren hatte ich viel mit wohlhabenden Menschen zu tun und kann daher gut beurteilen, welchen Effekt diese beiden gegensätzlichen Positionen haben. Ich weiß, dass ich mir keine größeren Sorgen um mich machen muss, solange mich die täglichen Notwendigkeiten des Lebens in Anspruch nehmen. Sollte ich aber zu großem Reichtum gelangen, müsste ich gut aufpassen, dass ich dadurch nicht aufhöre, mich für meine Mitmenschen einzusetzen.

Meiner Erfahrung nach kann jeder normale Mensch mithilfe seines Geistes alles Erdenkliche erreichen. Und die größte Leistung des menschlichen Geistes ist die *Vorstellungskraft*. Das sogenannte Genie ist nur ein Mensch, der sich mit seiner Fantasie etwas Konkretes ausgedacht und diese Vision dann durch körperlichen Einsatz verwirklicht hat.

»Der Mensch fühlt sich gehoben und fröhlich, wenn er sein Herz in ein Werk gethan und sein Bestes gegeben hat; aber was er anders gesagt und gethan, gewährt ihm keinen Frieden.«

– Emerson*

Das alles und noch etwas mehr habe ich den vergangenen 36 Jahren gelernt. Doch das Wichtigste ist die uralte Wahrheit, die uns sämtliche Philosophen aller Zeiten verraten: dass *Glück* nicht im

* Ralph Waldo Emerson: Essays. Erster Teil, Kapitel 3: Selbständigkeit. (https://gutenberg.spiegel.de/buch/essays-erster-teil-7606/3)

Besitz liegt, sondern im Dienst an anderen. Und diese Wahrheit weiß nur zu würdigen, wer sie für sich selbst entdeckt hat.

Vielleicht könnte ich auf vielerlei Art größeres Glück finden, als es mir die Arbeit bringt, die ich in die Herausgabe dieses Heftchens stecke, doch offen gestanden weiß ich nicht, wie – und rechne auch nicht damit, es herauszufinden. Ich könnte mir nur eine Sache vorstellen, die mich noch glücklicher machen würde, als ich es jetzt bin: Wenn ich mit meinem kleinen Boten in seinem braunen Umschlag einer noch größeren Zahl von Menschen dienen könnte, indem ich ihnen ein gutes Lebensgefühl und Begeisterung vermittle.

Vor ein paar Wochen habe ich den wohl glücklichsten Moment meines Lebens erlebt, als ich in einem Laden in Dallas, Texas, eine Kleinigkeit einkaufte. Der junge Mann, der mich bediente, war ein umgänglicher, gesprächiger, mitdenkender junger Mensch. Er erzählte mir alles über die geschäftlichen Abläufe – ermöglichte mir quasi einen Blick hinter die »Kulissen« – und erklärte mir am Ende, dass sein Chef an jenem Tag alle Mitarbeiter sehr glücklich gemacht habe, weil er ihnen einen Golden Rule Psychology Club und ein Abo von *Hill's Golden Rule Magazine* versprochen habe – auf Firmenkosten. (Und nein, er wusste nicht, wer ich war.)

Das interessierte mich natürlich. Also fragte ich ihn, wer dieser Napoleon Hill sei, vom dem er sprach. Er sah mich ungläubig an und entgegnete: »Soll das heißen, Sie haben noch nie von Napoleon Hill gehört?« Da räumte ich ein, dass mir der Name bekannt vorkomme. Dennoch fragte ich nach, was seinen Chef wohl dazu veranlasst habe, allen seinen Mitarbeitern ein Jahresabonnement von *Hill's Golden Rule* zu schenken. Darauf er: »Weil eine einzige Monatsausgabe aus dem griesgrämigsten Mann, den man sich vorstellen kann, einen der nettesten Menschen in der ganzen Firma gemacht hat. Da sagte mein Chef, wenn so etwas möglich sei, sollten wir das alle lesen.«

Ich schüttelte dem jungen Mann nicht nur deshalb begeistert die Hand und verriet ihm, wer ich war, weil er meinem Ego geschmeichelt hatte, sondern auch, weil er mich zutiefst berührt hatte. So empfindet jeder Mensch, der merkt, dass seine Arbeit andere glücklich macht. Dieses Glück ist es, das der allgemeinen menschlichen Neigung zur Selbstsucht entgegenwirkt und zu unserer Entwicklung beiträgt, indem es uns zwischen animalischen Instinkten und menschlicher Intuition entscheiden lässt.

Ich habe stets den Standpunkt vertreten, dass der Mensch Selbstbewusstsein entwickeln und für sich selbst die beste Werbung sein sollte. Dass ich auch selbst praktiziere, was ich predige, möchte ich in diesem Zusammenhang durch die folgende kühne Behauptung belegen: Hätte ich ein so großes Publikum wie die *Saturday Evening Post*, um ihm monatlich mit meinem Heftchen zu dienen, könnte ich in den nächsten fünf Jahren mehr bewirken, um die Massen dazu zu bewegen, miteinander auf Basis der Goldenen Regel umzugehen, als alle anderen Zeitungen und Zeitschriften zusammen in den letzten zehn Jahren.

> *»Die gewaltige neu entdeckte industrielle und politische Macht, die die Arbeiter erlangt haben, kann verpuffen, wenn sie unnötige Unterbrechungen und Streiks ohne Sinn und Verstand durchführen. Wollen sich die Arbeitnehmer je als beherrschende Kraft im Land verstehen, müssen sie aufhören, sich wie bisher selbst als klassenzugehörig zu betrachten.«*
>
> – Clynes, englischer Gewerkschaftsführer

Die vorliegende Dezemberausgabe von *Golden Rule* beschließt unser erstes Jahr. Ich weiß, es wird nicht als leere Prahlerei gelten, wenn ich meinen Lesern sage, dass die Saat, die ich über diese Seiten in den vergangenen zwölf Monaten ausgebracht habe, in den gesamten Vereinigten Staaten, in Kanada und verschiedenen anderen Ländern aufgehen und gedeihen wird. Außerdem haben manche der größten Philosophen, Lehrer, Prediger und Geschäftsleute unserer Zeit uns nicht nur von Herzen ihre moralische Unterstützung zugesichert, sondern sich sogar engagiert und für uns Abonnenten geworben, um den Geist des guten Willen zu verbreiten, den wir predigen. Kein Wunder also, dass ich als bescheidener Herausgeber zufrieden bin.

Es gibt Menschen, die nach 36 Jahren Lebenserfahrung mit weit mehr weltlichem Reichtum aufwarten können als ich, doch ich scheue keinen Vergleich, wenn es darum geht, welch große Erfüllung ich infolge meiner Arbeit empfinde. Es mag natürlich nicht viel bedeuten, doch für mich persönlich ist es wichtig, dass ich nie so großes und tief empfundenes Glück verspürt habe wie als Herausgeber dieser Zeitschrift.

»*Denn was der Mensch sät, das wird er ernten.*« Ja, das steht in der Bibel, und es ist eine grundsolide Philosophie, die immer funktioniert. Davon bin ich meiner persönlichen Erfahrung nach absolut überzeugt.

Als ich vor rund 15 Jahren zum ersten Mal auf den Gedanken kam, eine Zeitschrift zu besitzen und herauszugeben, hatte ich vor, mich damit auf alles zu stürzen, was mir missfiel, und es in der Luft zu zerreißen. Die Schicksalsgötter müssen mir hold gewesen sein, da sie mich von diesem Plan abgehalten haben, denn alles, was ich in meinen 36 Lebensjahren gelernt habe, spricht voll und ganz für die Philosophie aus vorstehendem Bibelzitat.

Eine große Leitfigur oder eine wirklich einflussreiche Persönlichkeit in Sachen Gerechtigkeit kann nur werden, wer ausgeprägte *Selbstbeherrschung* beweist. Bevor man seinen Mitmenschen nützliche Dienste leisten kann, muss man der verbreiteten menschlichen

Neigung zu Zorn, Intoleranz und Zynismus Herr werden. Erlauben Sie anderen, Ihren Zorn zu erregen, dann lassen Sie sich von diesen Menschen beherrschen und auf ihr Niveau herunterziehen. Um *Selbstbeherrschung* zu entwickeln, müssen Sie die Philosophie der Goldenen Regel freimütig und systematisch einsetzen. Sie müssen Nachsicht mit allen üben, die Sie ärgern oder ihren Zorn erregen.

Intoleranz und Eigensucht sind schlecht mit Selbstbeherrschung vereinbar. Diese Eigenschaften widersprechen einander und sorgen für Konfliktstoff. Es geht nur das eine oder das andere.

Ein cleverer Anwalt, der einen Zeugen ins Kreuzverhör nimmt, versucht meist als Erstes, den Zeugen zu provozieren, damit dieser wütend wird und seine Selbstbeherrschung verliert. Wut ist Wahnsinn!

Ein ausgeglichener Mensch ist einer, der schwer zu reizen ist, immer gelassen bleibt und mit Bedacht vorgeht. Er bleibt in jeder Situation ruhig und überlegt. So jemand kann jedes legitime Vorhaben erfolgreich vollbringen. Um Herr der Lage zu bleiben, müssen Sie sich zunächst selbst beherrschen. Ein besonders *selbstbeherrschter* Mensch spricht nie schlecht über andere. Er will aufbauen, nicht einreißen. Sind Sie *selbstbeherrscht?* Falls nicht, sollten Sie sich diese Tugend unbedingt aneignen.

ACHTES KAPITEL

DIE ANGEWOHNHEIT, STETS MEHR ZU LEISTEN, ALS HONORIERT WIRD

Durch Kampf von der Armut zum Reichtum

Der achte Wegweiser an der Straße des Erfolgs trägt die Aufschrift: *die Angewohnheit, stets mehr zu leisten, als honoriert wird.*

Die Geschichte von Edwin C. Barnes, der vor nicht einmal 15 Jahren im Güterwaggon nach East Orange in New Jersey fuhr, sich bei Thomas A. Edison einen Job verschaffte und sich heute mit 40 finanziell abgesichert zur Ruhe setzt.

Dies ist eine weitere Erfolgsgeschichte, der ein Kampf zugrunde liegt – und die Anwendung der Grundsätze, über die wir auf den Seiten dieser Zeitschrift jeden Monat schreiben. Ich kenne Edwin C. Barnes persönlich und kann daher authentisch die Eigenschaften schildern, durch die es ihm gelungen ist, die Armut zu besiegen und in eine Position aufzusteigen, die ihm in vergleichsweise kurzer Zeit viel Ansehen eingetragen hat.

– Der Herausgeber

Vor zehn Jahren betrat ich das Büro von Edwin C. Barnes in Chicago, um eine einfache Frage zu einem Thema zu stellen, das für Barnes von keinerlei Interesse war. Zufällig begegnete ich Barnes dabei persönlich, als er gerade durch den Warteraum seines Büros lief. So lange ich lebe, werde ich nie vergessen, wie er stehen blieb und mir meine Fragen in aller Ausführlichkeit beantwortete.

Ich wollte wissen, ob die Fabrik von Thomas Edison für mich eine Schallplattenreihe produzieren würde, die ich im Rahmen eines Rethorikseminars verwenden wollte. Nein, sagte Barnes, er glaube nicht, dass in Edisons Fabrik solche Platten produziert würden, aber vielleicht könne er mich ja an jemanden verweisen, der mir weiterhelfen könne. Dann setzte seinen Hut auf, lud mich in sein Auto und stellte mich einem Konkurrenten vor, der ein paar Kilometer weiter in einem ganz anderen Stadtteil ansässig war.

Es bestand nicht die geringste Aussicht darauf, dass Barnes davon irgendeinen geschäftlichen Nutzen haben würde, und darüber war er sich vollkommen im Klaren. Nach vernünftigem Ermessen ist daher davon auszugehen, dass er mir diesen Dienst nur deshalb erwies, weil er grundsätzlich jedem auf jede mögliche Art und Weise weiterhalf, ganz gleich, ob ihm das persönlich unmittelbar oder mittelbar irgendwelche Vorteile brachte.

Ich war von Barnes' freundlicher Geste natürlich sehr beeindruckt. Ich informierte mich näher über ihn, weil ich den Eindruck hatte, er sei ein echtes Vorbild. In seinem Büro spürte ich eine Atmosphäre der Herzlichkeit und Begeisterung. Ich sah, dass jeder Verkäufer, jeder Stenograf und auch die junge Dame am Empfang so wirkten, als arbeiteten sie gerne dort.

Das war vor zehn Jahren. Doch ich wage zu behaupten, wenn Sie heute unangemeldet eines von Barnes' Büros in Chicago, St. Louis oder New York betreten und um einen Gefallen bitten, denselben Eindruck gewinnen werden wie ich damals – nämlich, dass

Sie sich an einem Ort befinden, an dem man anderen aus Überzeugung weiterhilft.

Barnes schaffte es, das Vertrauen von Thomas A. Edison zu gewinnen, und brachte ihn dazu, ihn einzustellen. Soweit ich weiß, verdiente er anfangs keine 25 Dollar die Woche. Nicht viel später vertraute ihm Edison in einem solchen Maße, dass er ihm die Vertretung für das Ediphon (Edisons Diktiergerät) für die Stadt Chicago übertrug. Ich weiß nicht genau, wie er vorging, um Edison zu überzeugen, aber jeder, der Edison kennt, wird mir zustimmen, dass das nur möglich war, indem er Ergebnisse erzielte und mehr und *bessere Leistungen brachte, als die, für die er eigentlich bezahlt wurde.* Ich bin sicher, er hat sich nie über Arbeitszeiten oder Bezahlung beschwert, und bestimmt hat er jede Menge unbezahlter Überstunden geleistet.

Von Anfang an verfolgte Barnes die Politik, das Edison-Diktiergerät nur an solche Kunden zu verkaufen, die es auch wirklich brauchten – und keines mehr als für den effizienten Betrieb des Käufers unbedingt nötig. Manchmal versuchten seine Vertreter in ihrem Eifer, Aufträge an Land zu ziehen und Kunden zu überreden, mehr zu kaufen, als sie brauchten. Barnes prüfte solche Geschäfte, fand den Fehler und gab dem betreffenden Mitarbeiter Gelegenheit, ihn zu korrigieren, bevor er sich selbst und damit auch dem Unternehmen schadete.

Barnes war eine echte Persönlichkeit, freundlich, umgänglich und begeisterungsfähig, und ein geborener Verkäufer. Doch er wäre nie so erfolgreich gewesen, wenn er nicht stets mehr und bessere Leistungen erbracht hätte, als es seinen vertraglichen Pflichten entsprach. Dieser Grundsatz war ihm offenbar in Fleisch und Blut übergegangen. Er konnte gar nicht mehr anders.

Barnes' Geschäft war nicht so einfach zu etablieren. Diktiergeräte waren damals eine Neuheit, und es brauchte hochkarätiges verkäuferisches Talent, um sie an den Mann zu bringen, und noch mehr Kompetenz, um den Menschen beizubringen, sie nach dem Kauf auch zu verwenden. De facto sparten diese Geräte den Stenografen die halbe Zeit, doch wie jede neue Erfindung, vom Dampfer bis zum Fluggerät, musste man die Menschen erst »damit vertraut machen«.

Edwin C. Barnes vertreibt die gesamte Ediphon-Produktion der großen Edisonwerke in East Orange, New Jersey. Denke ich an ihn, kommt mir unwillkürlich mein Besuch bei sieben verkrachten Existenzen in den Sinn, mit denen ich vor ein paar Jahren in Chicago sprach – einer davon ein Yale-Absolvent. Einer von ihnen beklagte sich, dass »ihm die Welt nie eine Chance gegeben hätte«. Bei diesen Gesprächen dachte ich an Edwin Barnes und fragte mich, ob ihm die Welt mehr Chancen gegeben hatte als den sieben Männern, mit denen ich damals sprach und die der Welt ihr Scheitern vorwarfen.

Sein Auftritt in East Orange war nicht besonders stilvoll. Er kam als Schwarzfahrer in einem Güterwaggon an. Er suchte Edison auf, verschaffte sich Gehör bei ihm und durfte ihm beweisen, dass er nicht davon ausging, dass die Welt ihm etwas schulde. Barnes' Geschichte ähnelt stark der aller erfolgreichen Menschen. Er brachte zunächst Leistung und erntete später die Früchte dafür. Statt darauf zu warten, dass ihm die Welt das Leben zu Füßen legte, das sie ihm schuldete, ging er los und leistete der Welt einen Dienst, der ihm ein Vermögen einbrachte – und das in recht jungen Jahren.

Ich weiß nicht genau, wie groß Barnes' Vermögen ist, doch es ist auf jeden Fall beträchtlich. Er lebt in Florida, wo er es sich den Großteil des Jahres über gut gehen lässt. Die übrige Zeit verbringt er mit Besuchen bei seinen Geschäftspartnern, die weiterhin das Ediphon in Chicago, St. Louis und New York vertreiben.

Erst vor ein paar Tagen hat sich etwas Interessantes zugetragen, das verdeutlicht, wie Barnes vorgeht. Auf dem Weg aus Chicago in unser New Yorker Büro suchte ich Barnes Büro am unteren Broadway auf in der Hoffnung, ihn dort anzutreffen. Ich hatte eine Tasche bei mir, die ich in seinem Büro verstauen wollte, während ich mir Wohnungen ansah, denn ich plane, nach New York umzuziehen. Ich war schon im Aufbruch, als er mich zurückrief und meinte: »Wir schließen um sechs. Wenn Sie bis dahin nicht zurück sind, bringe ich Ihnen die Tasche ins Hotel. Rufen Sie mich einfach an und sagen mir, wo Sie absteigen.«

Und er meinte, was er sagte. Man stelle sich vor – ein so vermögender, erfolgreicher Mann in einer solch einflussreichen Stellung bot sich an, mir meine Tasche hinterherzutragen! Ich denke mal, das bestätigt die Theorie, dass die Größten unter uns zunächst dienen sollten. Ein im rechten Geist erbrachter Dienst erhöht stets den Menschen, der ihn leistet. So hat es der Herr vor 2000 Jahren gesagt, und so könnte es jede erfolgreiche Person bestätigen. Barnes hatte Erfolg, weil er *gute Dienste* leistete. Er scheute sich nicht, als blinder Passagier zu reisen oder alles sonst Nötige zu tun, um seine »Nachricht für Garcia« zu überbringen.

> »*We struggle for fame, and win it; and, lo! Like a fleeting breath, it is lost in the realm of silence, whose ruler and king is Death.*«*

Bei einer Sitzung im Unternehmen von Thomas A. Edison, auf der Barnes und über hundert Edison-Vertreter anwesend waren, ereignete sich etwas, das ein interessantes Schlaglicht auf Barnes und Edison wirft. Dem »Zauberer« war gerade eine seidene Gedenkflagge überreicht worden. Die Rede zur Verleihung hatte George M.

---

* »WIR kämpfen um Ruhm und erlangen ihn; doch seht! Wie ein flüchtiger Hauch verliert er sich im Reich der Stille, wo der Tod regiert und König ist.«

Austin aus Philadelphia gehalten. Edisons Replik wurde von seinem Sohn verlesen, während sich Edison den rechten Schuh auszog, ein Klappmesser hervorholte und ein Stück Leder abschnitt, das sich von der Sohle gelöst hatte. Die versammelten Zuschauer hielten inne und brachen dann in herzliches Gelächter aus. Der Erfinder stimmte ein und meinte:

WIE ICH DEM WUCHERER EIN SCHNIPPCHEN SCHLUG

»Ich fuhr eigens nach New York, um mir ein Paar Schuhe zu kaufen. Als ich feststellte, dass sie 17 oder 18 Dollar kosten sollten, ging ich in die Cortlandt Street. In einem Keller sah ich dort viele Schuhe stehen. Ein Paar gefiel mir, und ich kaufte sie für 6 Dollar. Diese Schuhe trage ich jetzt seit fast einem Jahr.«

In Edisons Nähe stand Edwin C. Barnes, Leiter der Niederlassungen in New York, Chicago und St. Louis. Edison zeigte auf Barnes und sagte: »Barnes hätte das anders gemacht. Er wäre zum Broadway gegangen und hätte 17 oder 18 Dollar für ein Paar Schuhe gezahlt.«

»Stimmt, aber ich würde sie dann auch drei oder vier Jahre lang tragen«, entgegnete Barnes.

»Ed Barnes zahlt 6 oder 7 Dollar für einen Hut«, meinte Edison, »ich dagegen fahre nach New York oder nach Newark und kaufe mir dort einen für 2,75 Dollar.«

Dann zog Edison ein paar gelbe Zettel hervor und erklärte, er schreibe jeden Abend eine To-do-Liste. Auf der Liste für den betreffenden Tag standen 57 Punkte, die er abhaken wollte. »Wer das sechs Monate lang ausprobiert, wäre überrascht, wie viel er in zehn Stunden schaffen kann«, behauptete Edison.

Trotz seines Reichtums, seines Erfolgs und seiner zahlreichen Freunde, darunter Persönlichkeiten wie Ex-Präsident Theodore Roosevelt, ist Barnes nach wie vor ein demokratischer Mensch, den jeder ansprechen kann, der das möchte. Es sitzt nicht einmal eine Privatsekretärin zwischen dem Empfang und seiner Bürotür. Seine Sekretärin hat Besseres zu tun, als Menschen abzuwimmeln, die Barnes sehen möchten. Er lebt nach dem Motto: Wer ihn in seinem Büro aufsucht, erweist ihm damit eine Ehre. Die Fairness gebietet es daher, diesen Menschen anzuhören, ganz gleich, was er für ein Anliegen hat.

Denke ich an Barnes, kommt mir stets der Senat der Vereinigten Staaten in den Sinn. Er ist ein Mensch von dem Schlag, den wir in Washington brauchen. Er glaubt an den Dienst am anderen, nicht daran, sich bedienen zu lassen. Sollten die Bürger Floridas eines Tages das Glück haben, ihn für einen Senatsposten zu gewinnen, dürften sie sich dazu gratulieren, denn er würde ihnen in Washington wahrhaft gute Dienste leisten.

Meiner Ansicht nach könnte der Senat durchaus ein paar mehr Mitglieder vertragen, die wirklich dienen – mit einem Geschäftssinn, wie ihn Barnes mitbringt, und dessen tadelloser Integrität. Meines Erachtens wäre es den Interessen der Menschen keinesfalls abträglich, wenn im Senat mehr erfolgreiche Unternehmer säßen und weniger hauptberufliche Politiker, die dort nur politische Gefälligkeiten austauschen. Barnes wäre so ein Mann. Er verfügt über die nötigen Fähigkeiten und über die persönlichen Voraussetzungen, seinen Einfluss in jedem Gremium geltend zu machen. Er hat den Mut zu kämpfen, wenn es nötig ist, und das diplomatische Geschick zu verhandeln, wenn dies einem Konflikt vorzuziehen ist.

Bürger von Florida, wir empfehlen euch euren Mitbürger Edwin C. Barnes aus Bradenton, Florida, und behaupten, dass ihr euch glücklich schätzen könnt, wenn ihr ihn dazu bringt, euch als Senator der Vereinigten Staaten zu Diensten zu sein. Denn er wird euch ebenso gute Dienste leisten wie er es für Thomas A. Edison getan hat.

Wenn ich mich nicht sehr irre, gibt es nur eine gerechte Grundlage, auf der man die eigene Leistung feilbieten kann – und zwar die Grundlage einer Vergütung, die der *Qualität* und der *Quantität* der erbrachten Leistung entspricht.

Nehmen wir an, ein Mann an der Drehbank erhält 5 Dollar pro Tag für seine Leistung. Er hat mehrere Jahre Berufserfahrung. Da kommt ein anderer, wird an die nächste Drehbank gesetzt und übt diese Tätigkeit erst ein paar Tage lang aus. Er verrichtet zwar dieselbe Arbeit, schafft aber 25 Prozent mehr als der Mann, der schon jahrelang im Betrieb ist. Wer sollte mehr verdienen?

Ganz klar: Die Betriebszugehörigkeit hat nichts mit der Bezahlung zu tun. Wäre das so, müsste der alte Hausmeister, der sich um das Gebäude kümmert, in dem sich mein Büro befindet, mehr verdienen als der Verwaltungsleiter, denn der Hausmeister ist schon zehn Jahre hier beschäftigt und der Verwaltungsleiter noch keine sechs Monate.

Bei der Vermarktung ihrer Leistung sollten Sie stets bedenken: *Wie effizient Sie arbeiten, und wie wertvoll Sie für Ihren Arbeitgeber sind, lässt sich exakt danach bestimmen, wie viel Beaufsichtigung Sie benötigen.* Wer nur wenig kontrolliert werden muss, dürfte recht effizient arbeiten. Wer gar keine Aufsicht benötigt, arbeitet vermutlich so effizient, wie in seinem Tätigkeitsbereich möglich. Der nächste Schritt wäre daher die Übernahme von Aufgaben, die mehr Verantwortung mit sich bringen. Dabei sollte Ihnen klar sein, dass Sie nicht viel Geld für Ihre Leistungen erhalten werden, solange Sie nicht bereit sind, mehr Verantwortung zu tragen. Hohe Gehälter beziehen Leute, die effizient und erfolgreich Verantwortung übernehmen können – auch für Personal.

Einer allein kann mit seiner Hände Arbeit nicht 25.000 Dollar im Jahr verdienen, könnte aber viermal so viel wert sein, wenn er in einer Führungsposition Tausenden anderen vorgesetzt ist und zu ihrer effizienteren und kompetenteren Arbeit beiträgt.

Die beiden Haupteigenschaften, die vielen Tausend Arbeitnehmern zu verantwortungsvollen Führungspositionen verholfen haben, sind:

Erstens: die Fähigkeit und die Bereitschaft, verantwortungsvolle Aufgaben zu übernehmen.

Zweitens: die Fähigkeit, anderen durch intelligente Anleitung zu helfen, effizienter zu arbeiten.

Wir bekommen, was wir geben – das ist mehr als nur ein idealistisches Axiom. Es ist eine belastbare Grundwahrheit, nach der sich alle erfolgreichen Menschen richten. Derjenige, der an der Vermarktung seiner persönlichen Leistung am meisten *verdient*, ist auch der, der seinem Arbeitgeber das meiste *liefert*. Dabei ist es gleich, ob seine Aufgabe darin besteht, sich selbst mit möglichst wenig oder ganz ohne Aufsicht zu managen, oder darin, anderen zu helfen, auf intelligente Weise tätig zu werden.

Für einen höherrangigen Posten wird nicht derjenige gesucht, der mit seinen Händen die meisten Details erledigen kann – sondern derjenige, der die Fähigkeit und das Urteilsvermögen besitzt, andere dazu zu bringen, sich um Details zu kümmern. Falls Sie eine »höhere« Position anstreben, könnte es für Sie durchaus von Vorteil sein, jetzt gleich damit anzufangen, anderen beizubringen, wie sie die Detailaufgaben Ihrer jetzigen Stelle lösen.

Sind Sie schon länger in Ihrer aktuellen Stellung und verdienen immer noch dasselbe, dann haben Sie vermutlich nie versucht, mehr

Verantwortung zu übernehmen. Wahrscheinlich benötigen Sie heute noch genauso viel Aufsicht wie früher. Diese beiden Merkmale können Ihnen als Wegweiser dienen. Sie können sich daran selbst recht gut messen.

Sie sind erst bereit, mehr Verantwortung oder Führungsaufgaben und die Anleitung anderer zu übernehmen, wenn Sie selbst mit größtmöglicher Effizienz arbeiten. Denn Führungsqualitätcn cntstchen aus dem guten Vorbild, das Sie anderen geben. Sobald Sie durch die *Qualität* und *Quantität* Ihrer Arbeit die Führung unter Ihren Kollegen übernehmen, werden Sie bald wichtigere Aufgaben erhalten, die besser bezahlt werden und mehr Verantwortung mit sich bringen.

***Probleme* lassen sich nie im Eifer des Gefechts lösen. Auf Dauer können sie nicht durch Konflikt beigelegt werden. Natürlich kann die einflussreichere Partei die andere unterwerfen, doch es bleibt ein Unrechtsgefühl. Die Emotionen beruhigen sich zwar, kochen aber bei nächster Gelegenheit wieder hoch. Richten wir uns doch nach der Goldenen Regel. Dann fällt jeder Grund für Feindseligkeit weg, alle Konflikte werden ausgeräumt, und die Menschen gehen Hand in Hand an die Arbeit und werden gerecht dafür entlohnt.**

Wir haben noch nie gehört, dass jemand aus dem Nichts eine wichtige Führungsposition bekommen hat. Wir kennen aber Hunderte von Führungskräften, die sich ihre Posten langsam, Schritt für Schritt, erarbeitet haben, indem sie nach und nach ihre Effizienz gesteigert und die *Qualität* und *Quantität* ihrer Arbeit verbessert haben.

Wenn ich Ihnen so dringend ans Herz lege, dass Sie unbedingt *mehr und bessere Leistungen erbringen sollen, als die, für die Sie bezahlt werden*, dann nicht etwa aus idealistischen Gründen, sondern weil ich weiß, dass dieser Grundsatz für Sie ein gutes Geschäft ist. Er ist wirtschaftlich grundsolide, weil er Ihnen automatisch den guten Willen und die Kooperationsbereitschaft aller Menschen einträgt, mit denen Sie zusammenarbeiten – Ihren Chef eingeschlossen. Sollten Sie damit (entgegen aller Wahrscheinlichkeit) nicht die Aufmerksamkeit Ihres derzeitigen Arbeitgebers erregen, dann sicher die eines anderen, der auf Sie zukommen und Ihnen einen wichtigeren, besseren Posten anbieten wird.

Wenn mich nicht alles täuscht, lässt sich die eigene Arbeitskraft am allerbesten zum eigenen Vorteil zu Markte tragen, indem man sich für ein Unternehmen durch überdurchschnittliche Leistungen interessant macht. Wählt ein Arbeitgeber Sie aus, dürfen Sie guten Gewissens ein höheres Gehalt einfordern, als wenn Sie sich aus eigener Initiative dort bewerben. Und ein Unternehmer wird sich nur für Sie interessieren, wenn Ihre Leistung quantitativ und qualitativ überdurchschnittlich ist. Das gilt übrigens genauso für alle, die einen unbedeutenden Job haben und bei ihrem derzeitigen Arbeitgeber aufsteigen möchten, wie für diejenigen, die einen Wechsel anstreben.

Jeder, der durch sein fundiertes Urteilsvermögen in der Lage ist, zu erkennen, dass es sich auszahlt, mehr und bessere Leistungen zu erbringen, als es seiner Gehaltsklasse entspricht, und die ihm zugewiesene Verantwortung auch vollumfänglich zu übernehmen und nicht an einen anderen abzugeben, ist zu beneiden – denn er ist einer unter Zehntausend. Deshalb gehört er zur Topliga in seinem Bereich. Deshalb verdient er außertariflich. Und deshalb erhält er Personalverantwortung.

Im Büro gleich nebenan sitzt ein junger Mann, der mit der Geschäftsleitung dieser Zeitschrift betraut ist. Bei seiner Bewerbung verzichtete er auf unkluge Fragen wie: »Was verdiene ich in dieser Position?«, »Wie viele Stunden muss ich arbeiten?«, »Welche Aufstiegschancen habe ich?«, »Wann wird mein Gehalt erhöht?« oder »Muss ich auch manchmal länger bleiben?« Nein, das alles wollte er gar nicht wissen.

Er überzeugte mich, indem er mir erzählte, wie viel er schon über die Zeitschrift wusste, obwohl die erste Ausgabe erst seit einem Tag am Kiosk war. Er erklärte mir, er wolle für die *Golden Rule* arbeiten, und ich müsse ihn schon aus dem Büro werfen lassen, um ihn davon abzubringen. Er machte mir klar, dass er den Job haben wollte, weil er an die Arbeit glaubte, die dahinterstand.

Er fragte nicht, wann er einen persönlichen Assistenten bekommen würde, sondern wollte stattdessen wissen: »*Womit soll ich anfangen?*« Sein Name ist W. H. Heggem. Sie können sich diesen Namen gerne merken, aber allen, die darauf aus sind, interessante Kandidaten abzuwerben, sage ich gleich: Versucht gar nicht erst, im Büro der *Golden Rule* »herumzuschnüffeln« und ihn mir abspenstig zu machen. Ihr hättet ihn vielleicht gern, aber eines solltet Ihr wissen: *Er wird in diesem Jahr voraussichtlich über 10.000 Dollar verdienen.* Und ja, das ist er auch wert. Ich werde ihm das genauso gerne zahlen, wie er es entgegennimmt. Ich bin wie jeder andere Arbeitgeber auch: *Ich möchte bestmögliche Leistungen und bin bereit, für alles, was meine Mitarbeiter erarbeiten, zu bezahlen.* Doch selbst, wenn ich wollte – mehr zahlen, als sie tatsächlich erwirtschaften, könnte ich aus wirtschaftlichen Gründen nicht lange. Kein Mensch kann Löhne und Gehälter zahlen, die das Unternehmen zuvor nicht verdient hat – jedenfalls nicht auf Dauer. Wenn kein Wasser zufließt, sprudelt eine Quelle bald nicht mehr.

Wenn Sie meinen, Ihr Arbeitgeber sollte Ihnen mehr zahlen, als Sie zurzeit verdienen, gibt es nur eine gerechte Grundlage, auf der Sie das fordern können: Indem Sie zunächst Ihre Arbeitsweise ändern und Ihrem Arbeitgeber dadurch mehr Ertrag bringen.

Nehmen wir an, Sie sind Buchhalter und wissen nicht, wie Sie quantitativ oder qualitativ bessere Leistungen erbringen können.

Sie machen ohnehin schon Überstunden und geben Ihr Bestes. *Was können Sie tun, um Ihren Anspruch auf eine Gehaltserhöhung zu rechtfertigen?* Es gibt viele Antworten auf diese Frage, doch Sie sollten sich für eine Möglichkeit entscheiden, um sich nicht zu verzetteln. Legen Sie sich daher unbedingt auf *eine* Vorgehensweise fest.

Sie sind Buchhalter. Sie erstellen Monatsabrechnungen und geben sie heraus. Könnten Sie nicht ein Inkassosystem einrichten und so dafür sorgen, dass Beträge bei Fälligkeit unverzüglich in Zahlungsströme umgewandelt werden? Sollte Ihnen das gelingen, dürfte Sie Ihr Arbeitgeber vermutlich entsprechend honorieren.

Sie können auch Ihren Aufgabenbereich ausweiten, indem Sie freiwillig andere Tätigkeiten übernehmen, die über die reine Buchhaltung hinausgehen – allerdings ohne dabei Ihre Effizienz in der Buchhaltung zu beeinträchtigen. Erstellen Sie zum Beispiel eine Serie von Mahnschreiben, die Ihren Arbeitgeber in ein positives Licht rücken und dennoch dazu beitragen, fällige Beträge einzutreiben.

Das kann praktisch jeder, wenn er eigens damit beauftragt und entsprechend unterwiesen wird. Doch der Mann, der Ihr Gehalt zahlt, wünscht sich Mitarbeiter, die von selbst sehen, was zu tun ist, und zupacken – ohne dass man es ihnen sagen muss.

Das Gesetz von Angebot und Nachfrage legt ein bestimmtes allgemeines Durchschnittsgehalt fest, das ein Buchhalter normalerweise verlangen kann. Um mehr zu verdienen, muss er mehr Leistung bringen als der »normale« Buchhalter. Kurz, er muss sich von der »Norm« abheben, wenn er sich nicht mit dem »normalen« Verdienst zufriedengeben möchte.

Mehr und bessere Leistungen zu erbringen, als honoriert wird, hat nichts mit sentimentalen Beweggründen zu tun. Es ist schlicht und ergreifend eine solide geschäftliche Praxis. Dabei gilt natürlich:

Wer seiner Arbeit gut gelaunt und mit Begeisterung nachgeht, fällt eher positiv auf.

Sie kommen wahrscheinlich eher groß heraus, wenn Sie sich nicht nur *angewöhnen, mehr und bessere Leistungen zu erbringen, als die, für die Sie bezahlt werden,* sondern auch ein sympathisches, ansprechendes Wesen zeigen. Ein solches Auftreten kann in Dienstleistungsunternehmen sogar eine notwendige Voraussetzung für den Erfolg sein.

NEUNTES KAPITEL

SYMPATHIE

Auf dem neunten Schild an der Straße des Erfolgs steht: *Sympathie*. Ich fühle mit jedem, der da draußen auf Jobsuche ist. Das ist das frustrierendste Unterfangen überhaupt. Ich wünschte wirklich, ich könnte alle Arbeitslosen erreichen und ihnen den Generalschlüssel in die Hand drücken, mit dem sie Zugang zu der Stelle finden, die sie gern hätten.

Wie dieser Generalschlüssel aussieht, schildere ich Ihnen in denselben Worten wie dem Leser der *Golden Rule*, der mich heute aufgesucht hat. Er war arbeitslos und hatte sich schon bei über einem Dutzend Firmen beworben, doch nur Absagen erhalten. Ich bat ihn, genau zu wiederholen, mit welchen Worten er sich um einen Job beworben habe. Er berichtete, er sei einfach hingegangen und habe gefragt, ob eine Stelle frei sei. Noch bevor sein Gegenüber antworten konnte, schob er nach, dass er arbeitslos und mit jedem einigermaßen zumutbaren Anfangsgehalt einverstanden sei. Er wurde prompt abgelehnt.

Der Grund dafür war offensichtlich – und ich habe ihm auch mitgeteilt, warum ich dieser Ansicht war. Zunächst bat ich ihn aber, sich zu erheben, damit ich ihn mir so ansehen konnte, wie es ein potenzieller Arbeitgeber tun würde. Er trug Schuhe mit abgetretenen Absätzen. Er hatte eine Mütze auf. Ansonsten war an seiner Kleidung nichts auszusetzen.

Ich gab ihm folgenden Rat: Gehen Sie zum Schuhmacher, und lassen Sie sich die Absätze richten. Dann werden Sie selbstbewusster auftreten, und das ist wichtig. Kaufen Sie sich einen Hut, der Ihnen steht, und werfen Sie die Mütze weg. Dann werden Sie sich eher wie ein Mann fühlen, nicht wie ein kleiner Junge, und so seriös wirken, wie Sie sollten. Überlegen Sie sich genau, welchen Posten Sie gerne hätten – und bei welcher Firma. Gehen Sie dann los, und informieren Sie sich über das betreffende Unternehmen. Halten Sie überzeugende Gründe parat, wenn Sie jemand fragt, warum Sie dem Unternehmen in dieser Position gute Dienste leisten können. Suchen Sie dann das Unternehmen auf, und sagen Sie: »Ich habe mich entschlossen, bei Ihnen zu arbeiten. Deshalb bin ich hier. Ich hätte gerne genau diese Stelle, weil ich weiß, dass ich in dieser Funktion gewinnbringend für Sie tätig sein kann. Ich kann sofort anfangen, wenn Sie mir zeigen, wo ich meinen Hut und Mantel aufhängen kann. Ach ja, mein Gehalt! Ich schlage vor, darüber sprechen wir in einer Woche, wenn Sie gesehen haben, was ich kann. Haben Sie dann das Gefühl, dass ich etwas verdient habe, stecken Sie mir den Betrag einfach in die Lohntüte.«

Er befolgte meinen Rat. Keine zwei Stunden später stand er wieder in meinem Büro. Seine Absätze waren repariert. Er hatte sich die Haare schneiden lassen, und seine gerunzelte Stirn war einem Lächeln gewichen. Er verkündete, jetzt sei er bereit, es zu versuchen. Er ging los und rief kaum eine Stunde später an, um mir zu erzählen, dass er eine neue Stelle gefunden habe.

Es gibt unterschiedliche Vorstellungen von Erfolg, doch ob er für Sie im Anhäufen von materiellem Wohlstand besteht oder darin, der Menschheit einen wichtigen Dienst zu erweisen – oder beides –, Sie werden kaum ans Ziel gelangen, solange Sie keinen konkreten Plan haben, wie Sie vorgehen wollen.

In den vergangenen zehn Jahren habe ich diesen Gedanken wohl an über hundert Menschen weitergegeben, und, soweit mir das Ergebnis bekannt wurde, hat es in jedem Fall gut funktioniert.

Glauben Sie mir: Die Wirtschaft sucht nach Menschen mit dem Selbstvertrauen, zu solchen Bedingungen zu arbeiten. In 99 von 100 Fällen verhandeln und argumentieren Bewerber nach allen Regeln der Kunst, um einen potenziellen Arbeitgeber dazu zu bringen, ihnen ein möglichst hohes Einstiegsgehalt zu zahlen. Doch die einzig wahre Grundlage einer finanziellen Gegenleistung für persönliche Leistungen ist und bleibt: die Qualität und die Quantität der von ihm erbrachten Dienste. Seine Erfahrung, sein Alter, seine Fähigkeiten und seine gesellschaftliche Stellung haben nichts damit zu tun, was er verdienen sollte. Dafür zählt nur *die Leistung, die er erbringt.*

Von Menschen, die sagen: »Dafür werde ich nicht bezahlt, also mache ich es auch nicht« müssen Sie keine Konkurrenz befürchten. Sie werden nie zu ernstzunehmenden Mitbewerbern um Ihren Job. Aber behalten Sie jeden im Auge, der so lange am Schreibtisch oder an der Werkbank bleibt, bis seine Arbeit beendet ist – passen Sie auf, dass derjenige Sie nicht herausfordert und an Ihnen vorbeizieht.

In guten Zeiten wie diesen gibt es absolut keinen Grund, weshalb jemand ohne Arbeit auf der Straße stehen sollte. Wenn Sie sich an diesen Plan halten – ob im Vorstellungsgespräch oder im Bewerbungsbrief –, wird jeder, der die von Ihnen angebotenen Leistungen brauchen kann, mehr als bereit sein, Sie auf Probe einzustellen. Und mehr brauchen Sie nicht. Halten Sie nicht, was Sie versprochen haben, setzt man Sie so oder so wieder vor die Tür, ob Sie sich nach diesem Plan richten oder zu einem festen Gehalt eingestellt wurden.

Manch fähiger Bewerber ist im Vorstellungsgespräch schon an der Frage nach seiner Erfahrung gescheitert. Vielleicht ist er noch unerfahren, aber ganz sicher, dass er die Aufgabe erfüllen kann – und zwar gut. Ehrensache, dass er trotzdem wahrheitsgemäß antwortet – und damit ist das Gespräch meist beendet.

Nehmen wir an, Sie sagen in dieser Situation: »Meinen Sie nicht, es würde Ihre Frage besser beantworten als alles, was *ich über mich erzählen könnte*, wenn ich Ihnen einfach zeige, was ich kann? Ich bin natürlich in eigener Sache nicht objektiv, aber wenn Sie mir sagen, wo ich meinen Hut und Mantel aufhängen kann, lege ich sofort los und zeige Ihnen, was ich kann – auf mein Risiko. Wenn Ihnen meine Arbeit nicht zusagt, zahlen Sie mir keinen Cent.« Damit ist die Kuh vom Eis. Die meisten Menschen werden Ihnen die Chance geben, um die Sie gebeten haben.

Wenn Sie bezweifeln, dass dieses Vorgehen funktioniert, probieren Sie es doch ruhig aus, und überzeugen Sie sich selbst. Schreiben Sie ein Dutzend verschiedene Unternehmen an. Ich diktiere Ihnen den ersten Absatz Ihres Anschreibens. Was Sie sonst noch hineinschreiben, spielt keine große Rolle. Formulieren Sie folgendermaßen:

> *»Ich bin fest entschlossen, für Sie zu arbeiten, und eine meiner positiven Eigenschaften ist die Beharrlichkeit, mit der ich erreiche, was ich mir vornehme. Ich bewerbe mich um die Stelle eines …, und mein Anfangsgehalt soll so lange null betragen, bis ich Ihnen so viel wert bin, dass Sie mich halten wollen und entsprechend der Qualität und Quantität meiner Leistung bezahlen.«*

Das sollte im ersten Absatz Ihres Bewerbungsbriefs stehen. Und es wird funktionieren. Wenn Sie die Adressaten richtig ausgewählt haben, sollten Sie auf zwölf Bewerbungen sechs Zusagen erhalten.

In den anderen Absätzen Ihres Bewerbungsschreibens werden Sie natürlich vollständige Angaben über sich machen und erklären, warum Sie glauben, dass gerade Sie den angestrebten Posten ausfüllen können, Referenzen angeben und Ähnliches. Das spart Zeit und überflüssige Korrespondenz.

Vor zwölf Jahren fuhr ein Güterzug in East Orange ein – mit einem Passagier ohne Fahrschein. Dieser kam aus einem bestimmten Grund in diese Stadt in New Jersey – weil er für Thomas A. Edison arbeiten wollte. Und er schaffte es! Sein Name ist Edwin C. Barnes. Am Anfang verdiente er 25 Dollar die Woche, doch nicht für lange. Der alte Edison höchstpersönlich merkte, dass Barnes eine Qualität besaß, die ihn quasi unentbehrlich machte – nicht nur als Abteilungsleiter, sondern als Partner in einer Sparte des Großunternehmens Edison. Und bei dieser Qualität handelt es sich um die Eigenschaft, die ich im Leitartikel auf der ersten Seite der Januarausgabe dieser Zeitschrift angesprochen habe – die Gewohnheit, grundsätzlich mehr zu leisten, als mit dem Gehalt abgedeckt ist.

Edwin C. Barnes ist ein enger persönlicher Freund, den ich sehr bewundere. Doch ich erwähne Barnes nicht aus diesem Grund in meinen Artikeln, sondern vielmehr, weil er auf solide Weise den Grundsatz verkörpert, stets mehr zu leisten, als das, wofür man bezahlt wird.

Als sich Barnes bei Edison vorstellte – gleich nachdem er aus dem Zug gesprungen war, der ihn in die Stadt gebracht hatte –, war eigentlich keine Stelle für ihn frei. Eine Äußerung im Vorstellungsgespräch hätte ihn beinahe um die Chance gebracht, Partner des größten Wissenschaftlers und Erfinders der Welt zu werden, doch wie sich herausstellen sollte, war es genau dieser Faktor, der ihm eine Probezeit eintrug. Er hatte nämlich zu Edison gesagt: »Wissen Sie, ich muss nicht unbedingt arbeiten« – und als Edison schon die

Türe öffnete, um Barnes hinauszukomplimentieren, beendete dieser den Satz mit: »Ich könnte auch einfach verhungern.« Das berührte Edison. Ihm war klar, dass ein Mann, der mit leerem Magen noch Witze reißen konnte, mit vollem Magen sicher gute Arbeit leisten würde. Deshalb stellte er ihn vom Fleck weg ein.

Ich weiß nicht, wie viel Barnes verdient, doch ich weiß, dass seine Beteiligung am Edison-Unternehmen mindestens 100.000 Dollar wert ist, vielleicht sogar mehr. So viel haben ihm seine Leistungen über einen Zeitraum von zwölf Jahren eingebracht. Manche Menschen mögen mehr verdient haben, doch sehr viele auch weitaus weniger.

Barnes beschäftigt viele Vertreter, die das Ediphon verkaufen. Er ist der Meinung, dass keiner seiner Vertreter ein Gerät verkaufen sollte, das der Käufer nicht wirklich braucht. Außerdem sorgt er persönlich dafür, dass an keinen Firmen- oder Einzelkunden mehr Apparate vertrieben werden, als wirtschaftlich einsetzbar. Weiterhin ist seiner Vorstellung nach ein Diktiergerät erst dann richtig verkauft, wenn es dem Käufer über seine natürliche Lebensdauer gute Dienste geleistet hat – und das können viele Jahre sein. Jeden Monat schickt Barnes einen Mitarbeiter los, der alle eingesetzten Ediphone überprüft und sich vergewissert, dass die Kunden damit zufrieden sind. Es gibt andere Diktiergeräte auf dem Markt – die vermutlich nicht schlechter sind als das Ediphon –, doch soweit ich das eruieren konnte, gibt es nur ein Diktiergerät mit »Barnes-Edison Service«.

Als Partner in der Diktiergerätesparte von Edison ist Barnes nur für drei Städte zuständig – Chicago, New York und St. Louis. Es gibt noch mindestens ein Dutzend weiterer Großstädte in den Vereinigten Staaten, die auf ihren Edwin C. Barnes warten, der, wie es Barnes in diesen drei Städten vorgemacht hat, als Partner von Thomas A. Edison auftritt und die Geschäftsentwicklung übernimmt.

Es fahren auch heute noch Güterzüge nach East Orange. Edison führt dort nach wie vor sein Unternehmen. Wenn Sie wirklich zutiefst davon überzeugt sind, dass man stets mehr Leistung bringen sollte, als im Arbeitsvertrag steht, und wenn Sie bereit sind, so anzufangen wie Barnes, dann können auch Sie Edisons Partner werden.

Vielleicht möchten Sie aber gar nicht in die Branche einsteigen, in der Barnes tätig ist. Möglicherweise käme Ihnen eine Partnerschaft mit Charles M. Schwab im Stahlgeschäft eher entgegen. Oder eine Partnerschaft mit Rockefeller im Ölgeschäft oder mit Morgan in der Bankenbranche. Sie können den Sprung in jedes dieser großen Unternehmen schaffen – Sie müssen es nur wirklich wollen.

Vielleicht bietet auch Ihr jetziger Job genauso gute Chancen wie diese. Sie müssen nicht unbedingt für Edison arbeiten, um so erfolgreich wie Edwin C. Barnes zu werden. Diktiergeräte stellen den Verkäufer vor besonders große Herausforderungen. Sie sind so schwer zu verkaufen, weil Sie zunächst den Stenografen überzeugen müssen, dass er damit an einem Tag doppelt so viel schaffen kann wie zuvor – und dass sein Gehalt letztlich entsprechend angepasst werden dürfte. Dann müssen Sie noch denjenigen überzeugen, der das Gerät bezahlt – nämlich davon, dass es über das gesamte Geschäftsjahr praktisch keine laufenden Kosten verursacht, ihm aber de facto die Einstandskosten mehrfach wieder einspart.

Beides ist nicht einfach. Sie werden es daher möglicherweise erstrebenswerter finden, zu bleiben, wo Sie sind. Ist Ihr Arbeitgeber nicht so erfolgreich wie Edison, eröffnet Ihnen dieser Umstand vielleicht Ihre große Chance. Niemand hat Barnes eingeflüstert, wie er Edison dazu bringen sollte, ihm eine Partnerschaft anzutragen – und niemand kann Ihnen sagen, wie Sie Ihren Chef dazu bringen können. Doch wenn Sie fest dazu entschlossen sind, dann wird es Ihnen gelingen – so, wie es Barnes gelungen ist. Sie finden schon einen Weg.

Ich kenne Edwin C. Barnes persönlich. Er ist nicht genialer oder fähiger als viele andere, die es nicht halb so weit gebracht haben. Das Geheimnis seines Erfolgs liegt nicht in seinem überdurchschnittlichen Verstand, auch nicht in seinem »Einfluss« oder seinem »Glück«, sondern darin, dass er es sich zur Gewohnheit gemacht hat, sinnvolle Arbeiten zu erledigen, ganz gleich, wie gut oder schlecht er dafür bezahlt wird.

Ich habe Barnes zufällig kennengelernt. Ich ging damals in sein Büro, um Informationen einzuholen, und traf ihn auf dem Weg nach draußen. Er nahm mich in seinem Auto zu jemandem mit, der noch über mein Anliegen Bescheid wusste. Er machte einen großen Umweg, um einem Menschen weiterzuhelfen, den er nie zuvor gesehen hatte und vermutlich nie wieder sehen würde.

Doch so war Barnes. Und das hatte ihm nicht nur Edisons Aufmerksamkeit eingetragen, sondern auch viele Großabnehmer, die ihm das Ediphon abgekauft haben – obwohl die Konkurrenz groß war und auch viele andere Vertreter Diktiergeräte angeboten haben. Wer bei Barnes ein Ediphon kauft, der weiß, dass er mehr bekommt als ein technisches Gerät, das korrekt in jeder Geschwindigkeit und zu jeder Tageszeit Diktate aufnimmt – er weiß, er bekommt einen Service, der den Wert des Geräts deutlich steigert. Ob Sie Ihre Dienste in einem Lebensmittelgeschäft, einer Kohlegrube oder sonst irgendwo zu Markte tragen – auch Sie können dem Käufer den Eindruck vermitteln, von ihnen mehr für sein Geld zu erhalten als von jedem anderen. Dieser »Eindruck« gehört zu den Hauptgründen, aus denen Sie als künftiger Vorarbeiter, Abteilungs- oder Niederlassungsleiter oder Geschäftspartner ausgewählt werden.

Sie wollen Erfolg haben. Das wollen wir alle. Aber was ist Erfolg? In meinen Augen ist erfolgreich, wer sein wichtigstes Lebensziel erreicht. Das kann darin bestehen, Geld zu verdienen, aber auch darin, sich federführend für ein wichtiges Anliegen einzusetzen, das der Menschheit zugutekommt.

»A crowd of troubles passed me by
As I with courage waited;
Said I, ›Where do you troubles fly
When you are thus belated?‹
›We go‹, they said, ›to those who mope,
Who look on life dejected,
Who weakly say goodbye to hope—
We go where we're expected.‹«

– Piyush Dey *

* Ein Schwarm von Mühen stob vorbei
Als ich beherzt verharrte;
Da ich: »Wohin des Wegs, verzeiht,
Als ob man euch erwarte?«
Drauf sie: »Dorthin, wo Menschen verzagt
Und mutlos aufs Leben schauen,
Wo alle Hoffnung längst versagt —
Kurz, wo sie auf uns vertrauen.«
— Piyush Dey

ZEHNTES KAPITEL

KLARHEIT IM DENKEN

Der zehnte Hinweis an der Straße des Erfolgs lautet: *Klarheit im Denken.*

Wer weltberühmt oder steinreich werden will, ist auf die Zusammenarbeit mit anderen angewiesen. Auf Dauer kann man sich eine Stellung oder ein Vermögen nur erhalten, wenn andere es zulassen. Einen Ehrenplatz kann man sich ohne das Wohlwollen seiner Mitmenschen ebenso wenig sichern, wie man zum Mond fliegen kann. Auch ein großes Vermögen kann man ohne das Zutun anderer nicht erhalten und noch viel weniger erwerben, es sei denn, man erbt es.

Sein Geld oder seine Stellung in Frieden zu genießen, ist auf jeden Fall in erheblichem Maße davon abhängig, wie gut man bei anderen ankommt. Man muss kein vorausschauender Philosoph sein, um zu erkennen, dass ein Mensch, der das Wohlwollen aller genießt, mit denen er in Berührung kommt, alles erreichen kann, was ihm die Menschen in seinem Umfeld ermöglichen können. Denn der Weg zu Ruhm und/oder Reichtum führt direkt durch die Herzen unserer Mitmenschen.

Vielleicht kann man sich das Wohlwollen anderer auch anders sichern als durch das Gesetz der Vergeltung, doch diese Möglichkeit hat sich mir bislang nicht erschlossen. Durch das Gesetz der Vergeltung können wir Menschen dazu bringen, uns alles mit gleicher Münze heimzuzahlen, was wir ihnen geben. Das steht so fest wie das Amen in der Kirche.

Schauen wir uns an, wie wir dieses Gesetz so nutzen können, dass es für uns arbeitet und nicht gegen uns. Eingangs erübrigt sich sicherlich der Hinweis, dass der Mensch dazu neigt, Gleiches mit Gleichem zu vergelten, Streich um Streich – und zwar jede Handlung, ob im eigenen Sinne oder gegen ihn. Machen Sie sich jemanden zum Feind, dann wird er ihnen feindselig begegnen – so sicher, wie zwei und zwei vier ergibt. Gewinnen Sie dagegen jemandem zum Freund oder erweisen Sie ihm eine Gefälligkeit, wird er Ihnen das ebenfalls entsprechend zurückzahlen.

Dass sich jemand nicht nach diesem Grundsatz richtet, können Sie getrost vernachlässigen, denn diese Person ist lediglich die sprichwörtliche Ausnahme von der Regel. Der Gesetzmäßigkeit zufolge reagiert die große Mehrheit der Menschen mehr oder minder unbewusst.

Geht jemand schlecht gelaunt aus dem Haus, wird er feststellen, dass ihm den ganzen Tag über alle anderen ähnlich gereizt begegnen. Das können Sie sicherlich aus eigener Erfahrung bestätigen, wenn Sie schon einmal missgelaunt waren. Es muss nicht eigens nachgewiesen werden, dass ein Mensch mit einem Lächeln auf den Lippen, der stets ein freundliches Wort für andere hat, bei allen gut ankommt, während der Griesgram generell auf Ablehnung stößt.

Sie können Ihre Gedanken mit Ihrem Willen beeinflussen. Sie sind der Herr im Haus und können einladen, wen Sie wollen. Ein Mensch formt sich selbst durch seine Gedanken wie ein Töpfer den Ton. Denken Sie sich erfolgreich, und Sie werden Erfolg haben – wenn Sie nur intensiv, beständig und lang genug darüber nachdenken.

Dieses Gesetz der Vergeltung ist ein mächtiger Faktor, der das ganze Universum einbezieht und ständig für Anziehung und Abstoßung sorgt. Sie erkennen es im Herzen der Eichel, die zu Boden fällt, auf das warme Sonnenlicht reagiert und ein winziges Zweiglein austreibt, mit zwei kleinen Blättchen, die weiter wachsen und alle nötigen Elemente anziehen, damit daraus eine knorrige Eiche werden kann. Man hat noch nie gehört, dass eine Eichel irgendetwas anderes anziehen würde als die Zellen, aus denen sich eine Eiche entwickelt. Niemand hat je einen Baum gesehen, der zur Hälfte Eiche, zur Hälfte Pappel ist. Im Kern sucht die Eichel nur die Nähe solcher Elemente, aus denen eine Eiche entsteht.

Jeder Gedanke im menschlichen Gehirn zieht seinesgleichen an, ob destruktiv oder konstruktiv, freundlich oder unfreundlich. Man kann sich nicht ständig auf Hass und Abneigung konzentrieren und erwarten, dass sich daraus das Gegenteil ergibt – so wenig, wie damit zu rechnen ist, dass aus einer Eichel eine Pappel wird. Das entspricht schlicht nicht dem Gesetz der Vergeltung.

Ganz gleich, ob die Welt über Sie lacht – nehmen Sie sich selbst stets ernst. Die breite Masse lacht über Dinge, die sie nicht versteht, und macht sich lustig über alles, was sie nicht begreift. Zu viele Menschen, die den Funken des Genies in sich tragen, lassen ihn nie entflammen, aus Angst vor dem Gelächter der Menge. Vergessen Sie, was andere denken. Es kommt nur darauf an, was Sie selbst von sich denken – und dass Sie an sich glauben.

Im gesamten Universum wird jede Art von Materie zu bestimmten Anziehungszentren hingezogen. Auch Menschen mit ähnlichem Intellekt und verwandten Neigungen ziehen sich gewöhnlich gegenseitig an. Der Mensch nimmt nur geistige Verbindungen zu anderen auf, die mit ihm in Einklang stehen und ähnliche Neigungen haben. Welche Kategorien von Menschen man anzieht, hängt ganz von den eigenen geistigen Neigungen ab. Diese kann man steuern und nach Belieben so ausrichten, dass man eine bestimmte Sorte

Mensch anzieht. Das ist ein Naturgesetz. Es ist unveränderbar und greift immer, ob wir uns seiner bewusst bedienen oder nicht.

Wer seinen Kopf mit verdorbenen Gedanken füllt, begeht eine größere Sünde als einer, der Trinkwasser vergiftet, denn ein vergifteter Geist reproduziert sich im Geist anderer.

EINE KURZE GESCHICHTE DES MENSCHLICHEN GEISTES

Bei der Geburt ist unser Geist leer – wie ein großer Speicher, in dem noch nichts gelagert wird. Dieser Speicher füllt sich durch die fünf Sinne: Sehen, Hören, Schmecken, Riechen und Tasten. Die Sinneswahrnehmungen, die wir abspeichern, bevor wir zwölf Jahre alt sind, bleiben uns meist ein Leben lang erhalten – ob sie vernünftig sind oder nicht.

Ideale und Überzeugungen, die in den jungen, formbaren Geist eines Kindes eingepflanzt werden, gehen diesem Kind gewöhnlich in Fleisch und Blut über und bleiben ihm sein Leben lang erhalten. Es ist möglich, einem Kind ein Ideal so nachdrücklich zu vermitteln, dass sein Moralverhalten fürs ganze Leben davon geprägt wird. Es ist möglich, einem Kind, bevor es zwölf oder 14 Jahre alt wird, Charaktereigenschaften so gründlich anzuerziehen, dass es im späteren Leben nie davon abweichen und auf Abwege geraten wird.

Der Geist ist wie ein großes, fruchtbares Feld, auf dem wächst, was angesät wird. Das heißt, jede Idee, die dort eingepflanzt und festgehalten wird, schlägt irgendwann Wurzeln, wächst und gedeiht und beeinflusst das Verhalten des Menschen in ihrem Sinne. Gleichermaßen wuchert auf fruchtbarem Boden, der nicht kultiviert wird, das Unkraut – sodass in Köpfe, denen keine konstruktiven Ideen eingegeben wurden, destruktive Impulse geraten können.

Der Geist bleibt nicht brachliegend. Er will etwas hervorbringen, und natürlich kann er nur mit dem Material arbeiten, mit dem er aufgrund seines Umfelds, durch Kontakte mit anderen, persönliche Beobachtungen, Sinneswahrnehmungen und Ähnliches in Berührung kommt.

Eines der wirkungsvollsten Prinzipien des Geistes ist die sogenannte Autosuggestion, mit deren Hilfe wir uns eine Idee in den Kopf setzen und uns so lange darauf konzentrieren können, bis wir sie so verinnerlicht haben, dass sie unsere Handlungen bestimmt und unsere Körperbewegungen dirigiert.

Haben Sie Feinde, die so dumm sind, Sie zu sabotieren, lächeln Sie nachsichtig, und sehen Sie zu, wie sie in ihre eigenen Fallen tappen.

Ein weiteres typisches Merkmal unseres Geistes ist seine Anziehungskraft für andere, die ähnlich denken, glauben und handeln wie wir. Der menschliche Geist strebt danach, aktiv die Nähe anderer zu suchen, mit denen er bezüglich eines oder mehrerer Themen der gleichen Ansicht ist.

Im ganzen Universum gilt das Gesetz »Gleich und gleich gesellt sich gern«. Dieses offenbart sich besonders deutlich in der Weise, wie Gleichgesinnte einander anziehen. Wenn das stimmt – und davon sind wir überzeugt –, sollten Sie erkennen können, welche Macht dieses Gesetz besitzt, und welch enorme Hilfe es Ihnen sein kann, wenn Sie es kultivieren und konstruktiv einsetzen.

Der menschliche Geist ist darauf aus, sich wie Wasser einzupegeln, vorher gibt er keine Ruhe. Das ist der Fall, wenn ein Mann mit literarischen Neigungen und Vorlieben die Gesellschaft von Gleichgesinnten sucht, wenn sich Reiche unter Reiche mischen und Arme unter Arme.

Ohne dieses Gesetz könnte aus einer Eichel nie eine Eiche werden, weil sich die Atome, aus denen diese Eiche erwächst, nie in ausreichender Zahl an einem Ort konzentrieren würden. Und ohne dieses Gesetz würde der menschliche Körper nie erwachsen, weil die chemischen Substanzen und Nährstoffe nie an die richtige Stelle kommen würden, um Wachstum zu ermöglichen. Ohne dieses Gesetz würde der Stoff, aus dem Fingernägel sind, an die Haarwurzeln geraten oder in einen anderen Körperteil, wo er nicht benötigt wird.

Das Gesetz ist so unveränderlich wie das Gravitationsgesetz, das die Erde in ihrer Umlaufbahn hält – und jeden Planeten im Universum an seinem Platz.

Schauen Sie sich Ihre Freunde an. Sind Sie nicht zufrieden mit dem, was Sie sehen, ist das ein Armutszeugnis für Sie selbst, denn *Sie* sind der Magnet, der sie angezogen hat. Die Färbung und Neigung *Ihres* Geistes ist die Anziehungskraft, die dafür sorgt, dass sich andere Menschen mit gleicher Geisteshaltung um Sie scharen. Mögen Sie die Menschen nicht, die Sie angezogen haben, müssen Sie zunächst den Magneten verändern, der dafür verantwortlich ist, und sich dann andere Freunde suchen.

Eine hervorragende Methode, Ihren Geist so zu magnetisieren, dass er die Menschen anzieht, die höchsten Standards entsprechen, besteht darin, ein Ideal anzustreben, das den Menschen nachempfunden ist, die Sie am meisten bewundern. Das geht in der Praxis ganz einfach – und ist ausgesprochen effektiv. Sie können sich beliebig bei den Charaktereigenschaften anderer bedienen, um in Ihrem Geist das Ideal zu formen, das Menschen anzieht, die damit in Einklang stehen.

Suchen Sie sich beispielsweise aus dem Leben von George Washington die Wesenszüge heraus, die Sie an ihm besonders bewundern – und ebenso bei Lincoln, bei Jefferson, bei Emerson und so weiter. Aus diesen gesammelten Eigenschaften bilden Sie dann ein Ideal – anders formuliert: Sie stellen sich vor, all diese Merkmale zu besitzen und lassen keinen Akt und keinen Gedanken mehr zu, der nicht mit diesem Ideal in Einklang steht. Schneller, als Sie denken, werden Sie sich diesem Ideal annähern. Noch wichtiger ist aber, *dass Sie nach und nach andere anziehen, die diesem Ideal ganz oder zumindest teilweise entsprechen.*

Die Zeit heilt alle Wunden und hilft über Fehler und Misserfolge hinweg. Wenn Ihr Anlauf fehlgeschlagen ist, lassen Sie sich Zeit. Die Zeit wird das Blatt zum Erfolg wenden, wenn Sie nicht das Vertrauen in sich selbst verlieren.

Das ist mehr als graue Theorie. Ich weiß, dass dieser Plan funktioniert, weil – nun, aus dem einzigen Grund, aus dem man irgendetwas sicher wissen kann – weil ich ihn selbst ausprobiert habe. Sie müssen Ihrem Geist nur das Material liefern. Der große unsichtbare Alchimist bringt es dann in die richtige Form und gestaltet einen Charakter und eine Persönlichkeit, die *genau* der Natur des von Ihnen gelieferten Materials entsprechen.

Jetzt wissen Sie, wie Sie Material sammeln können. Sie wissen, wie Sie genau so werden können, wie Sie sein möchten – und ich als Autor dieser Zeilen versichere Ihnen, dass dieser Grundsatz solide ist. Er funktioniert so, dass Sie und selbst der unbedarfteste Ungläubige sehen kann, dass er – je nachdem, wie intensiv Sie Ihren Geist auf die anstehende Aufgabe konzentrieren, und wie *klar* Sie das Bild von dem Ideal oder der Person, die Sie entwickeln möchten, vor Augen haben – zeitnah Ergebnisse bringt, das kann schon nach ein paar Stunden oder auch nach wenigen Monaten sein.

Das ist die besagte Autosuggestion. Sie ist das Prinzip, durch das Sie sich verändern oder nach Ihren Vorstellungen umgestalten können. Durch dieses Prinzip können Sie Verzweiflung, Sorgen, Angst, Hass, Zorn, mangelnde Selbstbeherrschung und all die vielen weiteren negativen Eigenschaften in den Griff bekommen, die zwischen den meisten Menschen und dem erfüllten, glücklichen, freudvollen Leben stehen, das ihnen rechtmäßig zusteht. Diese Eigenschaften sind bildlich gesprochen das Unkraut, das auf fruchtbaren Feldern wuchert, wenn diese nicht gepflügt, bepflanzt und kultiviert werden.

Hier geht es nicht etwa um irgendeine neue Religion oder eine Modeerscheinung. Es handelt sich dabei auch nicht um die Auswüchse eines aus dem Gleichgewicht geratenen fanatischen Geistes. Es sind vielmehr solide, wissenschaftliche Fakten, die jeder Psychologieprofessor bestätigen kann.

Das sind nur ein paar der grundlegenderen Prinzipien des Geistes, die ich bewusst so einfach formuliert habe, dass sie jedes Schulkind verstehen kann. Mehr über diese fantastische Maschinerie, die Sie in Ihrem Kopf herumtragen, können Sie aus jeder Bibliothek oder guten Buchhandlung erfahren, wenn Sie sich ein paar Bücher über angewandte Psychologie besorgen.

Alles, was für Sie und jeden anderen wirklich zählt, ist der *Geist*. Die leidigen Körper, die wir mit uns herumschleppen, haben wenig Bedeutung. Sie sind nur die Werkzeuge, durch die sich der Geist Ausdruck verschafft. Sie bewegen sich keinen Millimeter, wenn sie der Geist nicht dazu anweist. Wenn Sie mehr über sich erfahren wollen, lernen Sie etwas über den Geist. Und je mehr Sie darüber wissen, desto mehr wissen Sie auch über den *Geist aller* Menschen, denn der Geist funktioniert bei allen gleich.

ELFTES KAPITEL

KONZENTRATION

Der elfte Wegweiser zum Erfolg lautet: *Konzentration*. Vor 15 Jahren habe ich *Graustark* von George Barr McCutcheon zum ersten Mal gelesen. Ich fing am frühen Abend an und las die ganze Nacht. Am nächsten Morgen war ich so frisch und munter, als hätte ich fest geschlafen. Von Müdigkeit keine Spur. Außerdem erinnere ich mich so klar an die Geschichte von *Graustark*, dass ich sie heute noch genauso gut erzählen könnte wie am Tag nach der Lektüre.

Jahre später, während des Jurastudiums, saß ich oft nachts ein paar Stunden lang über meinen Büchern und hatte Mühe, beim Lesen von Greenleaf über Beweisführung und Blackstones Kommentaren die Augen offen zu halten. Mehr als zwei Stunden am Stück hielt ich nicht durch. Und seltsamerweise konnte ich mich schon am nächsten Tag kaum noch an das Gelesene erinnern.

Worin unterschieden sich die beiden Leseerlebnisse? Nur darin: Im ersten Fall wurde die Geschichte fesselnd und interessant erzählt, was den Geist wach hielt und ihn für alles empfänglich machte, was auf dem Papier stand. Im zweiten Fall war die Lektüre trocken und langweilig. Die Geschichte wurde in Sätzen erzählt, die nicht vor Leben und Aktivität sprühten. Daher wurde auch der Geist nicht aktiviert und dazu animiert, das Gelesene aufzunehmen und zu speichern.

Man könnte den menschlichen Geist mit einem Schwamm vergleichen. Wir alle wissen, dass ein trockener Schwamm nicht sofort Wasser aufnimmt. Man muss ihn zunächst unter Wasser halten, damit er sich vollsaugt. Dann hat er seine Kapazität bald wieder. Genauso verhält es sich mit dem menschlichen Geist. Er muss geweckt werden, sonst nimmt er die Wahrnehmungen nicht auf, die über die fünf Sinne eingehen – das Hören, Riechen, Schmecken, Sehen und Tasten.

Fröbel entdeckte diesen Grundsatz, als er das Kindergartensystem erfand und entdeckte, wie man kleinen Kindern etwas beibringt, indem man ihren Geist anregt und ihr Interesse spielerisch verstärkt.

Wer der beste *Lehrer* an seiner Schule werden möchte, der muss Mittel und Wege finden, den Geist seiner Schüler spielerisch aufs Lernen auszurichten. Machen Sie sie neugierig auf den Stoff, und sie werden ihn schneller und besser meistern, als sonst möglich.

Sind Sie Vorarbeiter und leiten andere an, sollten Sie Möglichkeiten finden, ihren Geist anzuregen, ihr Interesse an der anstehenden Aufgabe zu wecken, ihnen Liebe zu ihrer Arbeit zu vermitteln – und Sie werden bald durch die Effizienz Ihrer Mitarbeiter hervorstechen. Überlegen Sie sich, wie Sie durch Wettbewerb Interesse wecken können, loben Sie Prämien für Mitarbeiter aus, die eine bestimmte Aufgabe schneller erledigen als andere. Solche Prämien können finanzieller Natur sein, aber auch aus Beförderungschancen, Freizeit, Auszeichnungen, Effizienzzertifikaten bestehen oder andere Formen annehmen – ganz wie es den Arbeitnehmern in Ihrem Bereich am besten entspricht.

Wer selbst effizient arbeitet und andere beschäftigt, der weiß, dass es kein Akt der Nächstenliebe, der Sentimentalität oder des Idealismus ist, seinen Mitarbeitern ein ordentliches, freundliches Arbeitsumfeld zu bieten, sondern eine solide unternehmerische Entscheidung.

Milchbauern haben festgestellt, dass Kühe mehr Milch geben, wenn sie in sauberen Ställen stehen und vor lästigen Fliegen und anderen Insekten geschützt werden. Jeder Arzt weiß, dass eine stillende Mutter ihren Säugling nicht ordentlich ernähren kann, wenn sie ständig in Sorge und Angst lebt – ganz gleich, wie viel Nahrung sie selbst zu sich nimmt.

Brütet der menschliche Geist über Problemen, produziert er ein tödliches Gift und sondert dieses ins Blut ab. Hält dies zu lange an, überfordert es die Kapazitäten des Reinigungsprozesses in der Leber und leistet allen möglichen Krankheiten Vorschub, die im Körper ausbrechen können.

Glück, Gesundheit, Freude, die Fähigkeit, Sinneswahrnehmungen zu speichern und nach Belieben abzurufen – all das sitzt im menschlichen Geist oder wird von ihm ausgelöst. Er hat die besondere Eigenschaft, dass unsere körperlichen Handlungen die Form und Farbe unserer Gedanken annehmen. Sagen Sie mir, woran ein Mensch am häufigsten denkt, dann kann ich genau analysieren, wie dieser Mensch handeln wird. Man kann nicht an Not, Elend, Armut und Krankheit denken und dabei reich, gesund und glücklich sein. Das passt nicht zusammen.

Als Shakespeare schrieb: »Dies über alles: Sei dir selber treu. Und daraus folgt, so wie die Nacht dem Tage, Du kannst nicht falsch sein gegen irgendwen«,* meinte er damit, wer auf sein Gewissen hört, kann nicht fehlgehen.

Irgendwann werden an jedem Arbeitsplatz geeignete Spielflächen und Geräte vorhanden sein, um den menschlichen Geist alle paar Stunden wieder in einen harmonischen Zustand zu verset-

* Hamlet, Akt I, Szene III., in: William Shakespeare: Sämtliche Werke (ins Deutsche übertragen von August Wilhelm Schlegel, Dorothea und Ludwig Tieck, Wolf Graf Baudissin, Ferdinand Freiligrath, Friedrich Bodenstedt, Gottlob Regis, Karl Simrock), Wiesbaden (Löwit).

zen. Es wird regelmäßige Spiel-, Sport- und Erholungsphasen geben und gleichsam geringen Bedarf an Krankenhäusern, Gefängnissen und psychiatrischen Kliniken. Wie eine Lokomotive braucht auch der menschliche Geist Aufmerksamkeit, Ruhe, Reparaturen und Überholung. Wo auf der Welt gibt es irgendeine Maschine, die fast jede Art des fehlerhaften Gebrauchs und der Vernachlässigung so lange mitmacht wie der menschliche Körper, ohne daran kaputt zu gehen?

Vielleicht findet es ein schöpferisches Genie dieser Welt für sich und die Menschheit wertvoll, sich der Frage zu widmen, wie man den menschlichen Geist künstlich stimulieren kann, damit er wacher wird und lernt, von negativen, destruktiven Gedanken an Sorgen, Ängste und Belastungen auf positive, kreative Überlegungen umzuschalten, die von Mut, Begeisterung und guter Laune geprägt sind.

Der Kindergartenerfinder Fröbel hat nur an der Oberfläche der Möglichkeiten gekratzt, die im Bildungswesen heute zur Verfügung stehen. Und Fröbels System gewann erst nach fast hundert Jahren an Dynamik und Popularität. Einem Lehrer oder einfach jedem, der die hier angesprochenen Konzepte annimmt und in ein System einbringt, durch das Kinder wie Erwachsene Arbeit zum Spiel machen können, kann ich in wesentlich kürzerer Zeit zu Weltruhm verhelfen. Die Spalten dieser Zeitschrift stehen jedem zur Verfügung, der Mittel und Wege findet, den Leuten dabei zu helfen, die Fehlschlüsse und den Aberglauben zu überwinden, welche die Menschheit seit der Steinzeit in ihrem Fortkommen behindern.

Erstrebenswert ist alles, was Menschen dazu bringt, konstruktiv zu denken – alles, was sie freier denken und von Dogmen und Überzeugungen abweichen lässt. In dem Moment, in dem Sie sich von den Ketten eines Dogmas befreien und nicht mehr nur deshalb an etwas glauben, weil es Ihnen gesagt wurde, werden Sie automatisch auch die menschlichen Parasiten los, die sich wie Blutegel von Ihrer Ignoranz und Ihrem Aberglauben nähren. Diese Blutsauger wollen nicht, dass Sie zum Freidenker werden, denn dann zollen Sie ihnen keinen Tribut mehr. Generell gilt: Ein Mensch, der von sich behauptet, als oberste Autorität das letzte Wort zu einem beliebigen Thema zu haben, gefährdet die Menschheitsentwicklung und maßt sich Rechte an, die ihm der Schöpfer vermutlich nie zugestehen wollte.

Gewöhnlich sind solche Leute, die sich als selbst ernannte, privilegierte Anführer gerieren und für sich beanspruchen, die Welt oder zumindest einen Teil davon aus der Dunkelheit ans Licht zu führen, nichts als Fanatiker in Bezug auf das eine oder andere Thema beziehungsweise alle Themen.

Eines sollte uns allen klar sein: Nur das, was wir selbst schaffen – nur die Gedanken und Folgerungen, die unser eigener Kopf hervorbringt –, ist für uns von bleibendem Wert. Glück kann man nicht kaufen, »ausborgen«, erbetteln oder stehlen. Es muss in einem selbst entstehen, und das kann erst gelingen, wenn wir unseren Geist studieren und begreifen.

Der ideale Ausgangspunkt für das Studium des Geistes und der Wunder, die Sie dank Ihres Geistes vollbringen können, sind die einfachen Konzepte, die wir bereits angesprochen haben. Wer merkt, dass der eigene Körper doppelt so viel leisten kann und dabei längst nicht so schnell ermüdet, wenn er einer Arbeit nachgeht, die Spaß macht, der versteht, dass sich darin ein Prinzip gewaltiger Möglichkeiten eröffnet. Sie werden feststellen, dass es sich auszahlt, nach einer Arbeit zu suchen, in der Sie mit Leib und Seele aufgehen – die Sie lieben. Ihnen wird klar sein, dass dieser Grundsatz auch demjenigen enormes Potenzial erschließt, der andere beschäftigt, denn so kann er deren Effizienz steigern und ihnen mehr Lebensfreude und Verdienstmöglichkeiten eröffnen.

Sie formen Ihren Charakter laufend durch die Eindrücke, die Sie täglich aus Ihrem Umfeld gewinnen. Deshalb können Sie ihn nach Wunsch gestalten. Streben Sie Charakterstärke an, sollten Sie sich mit den Bildern der Menschen umgeben, die Sie am meisten bewundern. Hängen Sie sich positiv bestärkende Mottos an die Wand. Legen Sie die Bücher Ihrer Lieblingsautoren griffbereit auf den Tisch, und lesen Sie sie mit dem Stift in der Hand, um die Zeilen mit den edelsten Gedanken zu markieren. Füllen Sie Ihren Geist mit den größten, nobelsten und erbaulichsten Gedanken, und Sie werden bald merken, wie die Nuancen und Schattierungen dieser selbst geschaffenen Umgebung auf Ihren Charakter abfärben.

MEIN UNERGRÜNDLICHER GEIST

Was genau wissen Sie über Ihren Geist? Oder über den Geist überhaupt? Eine alte Dame war schon zwölf Jahre lang ein Pflegefall und konnte sich ohne fremde Hilfe nicht einmal umdrehen. Eines Tages kam ein Mann zu ihr, der ein wenig, wenn auch nicht allzu viel, über die Kraft des menschlichen Geistes wusste. Er rief die Verwandten der alten Dame zusammen und versprach, er werde sie heilen. Sie müssten nur alle wie vereinbart das Haus verlassen und der alten Dame sagen, sie sei mutterseelenallein. Als alle fort waren, schlich sich der Mann unbemerkt ins Haus und steckte das Bett der alten Dame in Brand. Schreiend sprang sie in einem Satz aus dem Bett, raffte die Decke um sich zusammen und rannte aus dem Zimmer, als sei sie topfit. Von jenem Tag an blieb sie dem Bett fern. Sie war nur in ihrem Kopf pflegebedürftig gewesen – dem Ort, an dem die meisten von uns in Armut, Misserfolg und Leid verharren.

LERNEN SIE, IHREN GROSSARTIGEN GEIST ZU GEBRAUCHEN

Der menschliche Geist besteht aus vielen Eigenschaften und Einstellungen – aus Neigungen und Abneigungen, Optimismus und Pessimismus, Hass und Liebe, Konstruktivität und Destruktivität, Freundlichkeit und Grausamkeit. Aus all diesen und weiteren Faktoren setzt sich der Geist zusammen. Er ist eine Mischung aus all diesen Aspekten, wobei er bei manchen Menschen von der einen, bei anderen von der anderen Eigenschaft dominiert wird.

Welche Eigenschaften dominieren, richtet sich nach dem Umfeld, der Ausbildung, dem Partner und ganz besonders nach den eigenen *Gedanken* des Betroffenen. Jeder Gedanke, der länger im Kopf bleibt, auf den sich ein Mensch konzentriert oder den er sich häufig bewusst macht, zieht die Merkmale des menschlichen Geistes an, die ihm am ähnlichsten sind.

Ein Gedanke ist insofern wie ein Samenkorn, das in den Boden gepflanzt wird, als er Gleiches hervorbringt, sich vermehrt und wächst. Es ist daher gefährlich, destruktive Gedanken zuzulassen, denn solche Gedanken müssen sich früher oder später durch physische Akte Ausdruck verschaffen.

Durch das Prinzip der Autosuggestion – also das Festhalten von und das Konzentrieren auf bestimmte Gedanken – wird jeder Gedanke schon bald in die Tat umgesetzt. Wäre das Prinzip der Autosuggestion an staatlichen Schulen allgemein bekannt und würde dort gelehrt, würde sich der moralische und wirtschaftliche Standard der Welt innerhalb von 20 Jahren komplett verändern. Durch dieses Prinzip kann sich der menschliche Geist von seinen destruktiven Tendenzen befreien, indem er sich stets auf konstruktive Neigungen konzentriert. Wie die Pflanzen das Sonnenlicht brauchen die Eigenschaften des menschlichen Geistes Nahrung und müssen eingesetzt werden, damit sie fortbestehen. Im gesamten Universum gilt das Gesetz von Nahrung und Verwendung, das für alles gilt, was lebt und wächst. Dieses Gesetz besagt, dass alles Leben sterben muss, wenn es nicht ernährt oder genutzt wird. Das gilt auch für den besagten menschlichen Geist.

Geistige Qualitäten lassen sich nur entwickeln, indem man sich auf sie konzentriert, darüber nachdenkt und sie nutzt. Negative Tendenzen des Geistes lassen sich ausmerzen, indem man sie durch den *Nichtgebrauch* aushungert.

Wie viel könnte es bringen, wenn schon der junge, formbare Geist von Kindern dieses Prinzip kennen und es von frühester Jugend an anwenden würde – schon im Kindergarten?

Das Prinzip der Autosuggestion gehört zu den maßgeblichen grundlegenden Gesetzen der angewandten Psychologie. Das richtige Verständnis dieses Prinzips kann innerhalb von 20 Jahren oder noch schneller unter Mitwirkung von Autoren, Philosophen, Lehrern und Predigern den menschlichen Geist komplett auf konstruktive Bestrebungen ausrichten.

Was tun *Sie* dafür? Ein guter Plan für Sie persönlich bestünde darin, nicht abzuwarten, bis jemand eine Bewegung ins Leben ruft, um das ganze Bildungswesen entsprechend zu reformieren, sondern dieses Prinzip gleich zum Vorteil für Sie und die Ihren zu nutzen. Vielleicht haben Ihre Kinder ja nicht das Glück, in der Schule darin unterwiesen zu werden, doch nichts hindert Sie daran, das zu Hause selbst zu übernehmen. Vielleicht hatten Sie das Pech, dass Ihnen das Prinzip der Autosuggestion in der Schule nicht vermittelt wurde. Sie können es aber jederzeit aus eigener Initiative erlernen, begreifen und anwenden.

In der vorliegenden Zeitschrift, beginnend mit dem Januarheft, finden Sie die Serie eines vollständigen Kurses in angewandter Psychologie. Blättern Sie zurück und lesen Sie nach. Die Artikel sind in einfacher Sprache formuliert, die jeder Laie verstehen und anwenden kann. Erfahren Sie mehr über die wundervolle Maschine des menschlichen Geistes. Er ist Ihre eigentliche Triebkraft. Sollte es Ihnen je gelingen, sich von banalen Sorgen und finanziellen Bedürfnissen zu befreien, dann einzig durch die Leistung Ihres großartigen Geistes.

Obwohl ich noch gar nicht so alt bin, kann ich Tausende Beispiele dafür anführen, wie sich Menschen in kürzester Zeit – manchmal in wenigen Stunden, manchmal nach ein paar Monaten – vom Versager zum Sieger entwickelt haben.

Das Heft, das Sie in Händen halten, ist ein konkreter Beleg dafür, wie solide das Argument ist, dass jeder sein wirtschaftliches Schicksal selbst in der Hand hat – denn es ist ein Erfolg, der aus 15 Jahren des Scheiterns entstand.

Sie können frühere Fehlschläge in Erfolge verwandeln, wenn Sie die Grundsätze der angewandten Psychologie kennen und intelligent einsetzen. Sie können im Leben alles erreichen, was Sie wollen. Sie können sofort Ihr Glück finden, sobald Sie dieses Prinzip beherrschen – und Sie können ebenso rasch finanzielle Erfolge feiern, wie Sie die etablierten Praktiken und Grundsätze der Wirtschaft einhalten.

Der menschliche Geist neigt nicht zum Okkultismus. Er funktioniert im Einklang mit den Gesetzen und Grundsätzen von Physik und Wirtschaft. Sie können Ihren Geist ohne jede fremde Hilfe so manipulieren, dass er nach Ihren Wünschen funktioniert. Sie können ihn steuern, ganz gleich, in welcher Lebenslage – vorausgesetzt, Sie nehmen dieses Recht für sich in Anspruch, statt es anderen zu überlassen.

Erfahren Sie mehr über die Kräfte Ihres Geistes. So können Sie sich vom Fluch der Angst befreien und sich mit Inspiration und Mut erfüllen lassen.

ZWÖLFTES KAPITEL

DURCHHALTEVERMÖGEN

Der zwölfte Wegweiser zum Erfolg verweist auf: *Durchhaltevermögen*. Wir haben etwas Bedeutendes entdeckt, das Ihnen zum Erfolg verhelfen kann – ganz gleich, wer Sie sind und welches Ziel Sie im Leben verfolgen. Nicht das Genie, mit dem manche Menschen angeblich gesegnet sind, führt zum Erfolg. Auch nicht Glück, Einfluss oder Reichtum.

Worauf die meisten großen Vermögen aufgebaut sind – und was Menschen in der Welt Ruhm und Ansehen einträgt –, ist schnell beschrieben: *Es handelt sich dabei um die Gewohnheit, Dinge grundsätzlich zu Ende zu bringen und von vornherein zu wissen, wovon man am besten die Finger lässt.*

Gehen Sie in sich, und rekapitulieren Sie, sagen wir, die vergangenen zwei Jahre: Was stellen Sie fest? Die Wahrscheinlichkeit, dass Sie viele Ideen hatten und Pläne in Angriff genommen, aber nie zu Ende geführt haben, liegt bei 50 zu 1.

In der Reihe über Erkenntnisse aus der angewandten Psychologie, die in dieser Zeitschrift erscheint, finden Sie einen Artikel, der die Bedeutung der *Konzentration* erklärt, gefolgt von einfachen, klaren Informationen darüber, wie Sie lernen können, sich zu konzentrieren. Sie sind gut beraten, wenn Sie sich diesen Artikel heraussuchen und noch einmal lesen – unter dem neuen Aspekt, wie Sie lernen können, alles Angefangene zu Ende zu bringen.

Die Redewendung »Was du heute kannst besorgen, das verschiebe nicht auf morgen« kennen Sie vermutlich, seitdem Sie denken können. Sie haben sie aber sicherlich ignoriert, weil sie sich so nach Predigt anhört. Dabei trifft sie absolut ins Schwarze! Sie können kein Projekt, ob groß oder klein, wichtig oder nicht, erfolgreich zum Abschluss bringen, solange Sie nur darüber nachdenken, was Sie gerne erreichen möchten, und sich dann zurücklehnen und abwarten, dass es von alleine passiert – ohne dass Sie sich geduldig und hingebungsvoll darum bemühen.

So gut wie jedes Unternehmen, das aus vergleichbaren Firmen hervorsticht, steht für die Konzentration auf einen bestimmten Plan oder ein Konzept, von dem es kaum je abweicht – wenn überhaupt. Der Merchandising-Plan der United Cigar Stores basiert auf einer recht einfachen Idee, auf die alle Anstrengungen ausgerichtet wurden. Die Einzelhandelskette Piggly Wiggly fußt auf einem konkreten Plan, dem wiederum das Prinzip der Konzentration zugrunde lag. Das Konzept ist einfach und leicht auf andere Geschäftsfelder zu übertragen. Auch die Rexall Drug Stores stützten sich auf einen Plan auf der Grundlage des Konzentrationsprinzips.

Der Autokonzern Ford ist nichts weiter als das Ergebnis der Konzentration auf einen einfachen Plan – nämlich den, der Gesellschaft ein möglichst erschwingliches, praktisches kleines Auto anzubieten und die Vorteile der Massenproduktion an die Käufer durchzureichen. Dieser Plan wurde in den letzten zwölf Jahren kaum wesentlich verändert.

Die Vorzeigeversandhäuser Montgomery Ward & Company und Sears, Roebuck & Company sind zwei der größten Handelsunternehmen der Welt – beide aufgebaut auf dem simplen Plan, dem Käufer Vorteile durch mehr Ein- und Verkaufsvolumen zu bieten und auf dem Grundsatz, den Kunden »zufriedenzustellen« oder ihm sein Geld wiederzugeben. Diese beiden großen Handelskonzerne sind Paradebeispiele für den Grundsatz, konzentriert an einem konkreten Konzept festzuhalten.

Es gibt noch weitere Beispiele für große kommerzielle Erfolge, die auf eben diesem Prinzip beruhen – einen konkreten Plan zu fassen und *bis zum Schluss daran festzuhalten*. Und für jeden durch dieses Prinzip erzielten großen Erfolg, auf den wir verweisen können, lassen sich Tausende von Pleiten oder *Beinahepleiten* anführen, die eintraten, weil kein solcher Plan vorlag.

Nur ein paar Stunden vor dem Verfassen dieses Leitartikels habe ich mit einem Mann gesprochen, der ein durchaus intelligenter und in vielfacher Hinsicht fähiger Geschäftsmann ist, aber schlicht aus dem einen Grund erfolglos bleibt: weil er zu viele unausgereifte Ideen hat und sie routinemäßig verwirft, bevor sie überhaupt richtig erprobt sind. Ich gab ihm einen Tipp, der ihm vielleicht weiterhelfen könnte, doch er entgegnete prompt: »Oh, daran habe ich auch schon gedacht. Einmal hatte ich sogar schon vor, es auszuprobieren, aber dann wurde nichts daraus.« Genau das war sein Problem. Er »hatte vor«, es auszuprobieren.

Leser der *Golden Rule*, merkt euch eines: *Erfolg hat nicht, wer etwas »vorhat«, sondern wer es vorhat und durchzieht – ganz gleich, was kommt.*

Es gehört nicht viel dazu, sich etwas vorzunehmen. Aber um Angefangenes *zu Ende* zu führen – um genügend Mut, Selbstvertrauen und Liebe zum Detail aufzubringen –, da braucht es das sogenannte Genie. Dabei handelt es sich in Wirklichkeit aber gar nicht um »Genialität«, sondern lediglich um *Durchhaltevermögen* und um gesunden Menschenverstand. Menschen, denen Genialität zugeschrieben wird, sind eigentlich keine Genies, wie uns Edison oft versichert hat – sie sind schlicht fleißige Menschen, die sich einen tragfähigen Plan zurechtlegen und sich dann daran halten.

Erfolg stellt sich, wenn überhaupt, nur selten auf Anhieb oder über Nacht ein. Verdienstvolle Leistungen beruhen gewöhnlich auf geduldig über längere Zeit erbrachten Diensten.

Denken Sie an die knorrige Eiche. Sie schießt nicht in einem Jahr aus dem Boden, auch nicht in zwei oder drei Jahren. Es dauert viele Jahre, bis eine Eiche zu einem ordentlichen Baum herangewachsen ist. Es gibt Bäume, die in wenigen Jahren sehr hoch werden können, doch ihr Holz ist weich und porös, und sie werden nicht sehr alt.

Wer in diesem Jahr Schuhe verkauft und sich im nächsten als Landwirt versucht, um im dritten Lebensversicherungen zu vertreiben, wird vermutlich in allen drei Branchen scheitern. Hätte er sich drei Jahre lang auf eine davon konzentriert, hätte er vielleicht gute Erfolgschancen gehabt.

Ich weiß genau, wovon ich schreibe, denn ich habe fast 15 Jahre lang denselben Fehler gemacht. Daher kann ich Sie mit Fug und Recht vor einer Unart warnen, die Ihnen Hindernisse in den Weg legen kann, weil ich deswegen viele Niederlagen erleiden musste – und sie daher auch bei anderen leicht erkennen kann.

Der Neujahrstag steht bevor – der Tag der guten Vorsätze. Nehmen Sie sich für diesen Tag zwei Dinge vor, und Sie werden sicher davon profitieren, diesen Leitartikel gelesen zu haben.

Erstens: Setzen Sie sich mindestens für das kommende Jahr, besser noch für die nächsten fünf Jahre, ein Hauptziel, und formulieren Sie es schriftlich aus.

Zweitens: Das erste Element dieser Hauptziele sollte ungefähr so lauten: »Im kommenden Jahr werde ich so genau wie möglich die Aufgaben festlegen, die ich von A bis Z erfüllen muss, um Erfolg zu haben, und nichts soll mich davon abhalten, mich ganz der Vollendung jeder Aufgabe zu widmen, die ich in Angriff nehme.«

Praktisch jeder ist intelligent genug, um auf Ideen zu kommen – das Problem der meisten Menschen ist nur, dass sie diese Ideen nie *in die Tat* umsetzen.

Die beste Lokomotive der Welt ist keinen Penny wert und bewegt kein Gramm Fracht, wenn die im Dampf gespeicherte Energie nicht durch Betätigen des Fahrhebels freigesetzt wird.

Wie jeder normale Mensch haben auch Sie Energie im Kopf, setzen sie aber nicht durch Bewegen des entsprechenden Hebels in *Handlung* um. Sie wenden sie nicht durch das *Konzentrationsprinzip* auf die Aufgaben an, die Sie zu einem erfolgreichen Menschen machen könnten, wenn Sie sie beenden würden.

Soweit ich weiß, besteht der Haupteinwand gegen Zigaretten in der unumstößlichen Tatsache, dass sie sich auf den Menschen »benebelnd« auswirken und ihn *träge* machen. Grund genug, sie abzulehnen, denn alles, was die Handlungsfähigkeit beeinträchtigt – oder auch die Freisetzung dieser Fähigkeit durch die Angewohnheit, sich auf eine anstehende Aufgabe zu konzentrieren, bis sie *erledigt* ist – schadet uns. Gewöhnlich setzt der Mensch den in seinem Kopf aufgestauten *Handlungsfluss* im Zusammenhang mit einer Aufgabe frei, die ihm Freude bereitet. Aus diesem Grund sollte jeder die Tätigkeit ausüben, die ihm am meisten Spaß macht.

Der Mensch kann seinen fantastischen Geist dazu bringen, seine Energie abzugeben und ihr durch Konzentration auf eine sinnvolle Tätigkeit durch Handlung Ausdruck zu verleihen. Suchen Sie so lange, bis Sie die beste Möglichkeit finden, diese Energie freizusetzen. Finden Sie für sich eine Aufgabe, bei der Sie diese Energie am bereitwilligsten und *liebsten* freisetzen, und Sie kommen einer erfolgreichen Arbeit sehr nahe.

Ich hatte das Privileg, mit vielen sogenannten großen Persönlichkeiten – oder »Genies« – zu sprechen, und ich kann Ihnen etwas sehr Motivierendes berichten: Offen gestanden, habe ich bei ihnen keine Eigenschaften entdeckt, die weniger Erfolgreiche nicht haben. Sie waren Menschen wie Sie und ich – nicht unbedingt intelligenter (manche sogar eindeutig weniger intelligent) –, doch sie verfügten über eine Fähigkeit, die Sie und ich ebenfalls besitzen, *aber nicht immer nutzen:* die in ihren Köpfen gespeicherten *Aktivitäten* freizusetzen und auf eine größere oder kleinere Aufgabe zu konzentrieren, bis sie *erledigt ist.*

Stellen Sie sich darauf ein, dass es mit der Konzentration nicht beim ersten Versuch klappt. Lernen Sie zunächst, sich auf Kleinigkeiten zu konzentrieren – einen Bleistift anspitzen, ein Paket packen, einen Brief adressieren und so weiter. Um die großartige Kunst zu perfektionieren, grundsätzlich alles zu Ende zu bringen, was wir anfangen, müssen wir uns angewöhnen, dies bei jeder anstehenden Aufgabe zu üben, ganz gleich, wie banal. Dann wird uns das schnell zur festen Gewohnheit, und wir tun es bald automatisch.

Was das für Sie bedeutet? Eine nicht wirklich notwendige Frage – doch ich beantworte sie gern: *Es entscheidet über Misserfolg oder Erfolg!*

DREIZEHNTES KAPITEL

AUS FEHLSCHLÄGEN LERNEN

Auf dem dreizehnten Schild an der Straße des Erfolgs steht: *aus Fehlschlägen lernen.*

The Man Who Fails!

»Oh, men, who are labeled ›failures‹— up, rise up! again and do!
Somewhere in the world of action is room; there is room for you.
No failure was e'er recorded, in the annals of truthful men,
Except of the craven-hearted who fails, nor attempts again.
The glory is in the doing, and not in the trophy won;
The walls that are laid in darkness may laugh to the kiss of the sun.
Oh, weary and worn and stricken, oh, child of fate's cruel gales!
I sing, – that it haply may cheer him, – I sing to the man who fails.«

– Alfred J. Waterhouse*

* Der Gescheiterte!
»Oh all ihr ›Versager‹ — auf mit euch! Zur Tat!
Irgendwo in der Welt des Handelns habt auch ihr euren Platz.
In den Annalen der Ehrlichen gibt es keinen Fehlschlag,
es sei denn, ein Hasenfuß gibt auf und probiert es nicht noch einmal.
Der Ruhm liegt in der Tat, nicht in der erlangten Trophäe;
Mauern, die im Dunklen gebaut wurden, können in der Sonne lachen.
Oh, ihr Müden, Zermürbten und Gramgebeugten, ihr vom grausamen Schicksal Gebeutelten!
Ich singe zur Aufmunterung für jeden Gescheiterten.«
– Alfred J. Waterhouse

Misserfolg muss kein Dauerzustand sein. Jede Wende und jeder Rückschlag lässt sich in einen Baustein für ein solides Erfolgsfundament verwandeln.

Misserfolge machen uns widerstandsfähig. Sie lehren uns durchzuhalten. Aus jedem Fehlschlag lässt sich etwas Wichtiges lernen, auch wenn uns vielleicht nicht sofort klar ist, was.

Ich denke manchmal, dass Scheitern für die Natur wie ein Anlasser ist, durch den sie die Menschen, die zu Großem ausersehen sind, auf ihre Aufgaben vorbereitet.

Wer wiederholt Fehlschläge übersteht, statt an ihnen zugrunde zu gehen, beweist damit, dass er es bei seiner gewählten Lebensaufgabe weit bringen kann. Nehmen Sie auch das Scheitern an – und danken Sie Gott für das Privileg, so geprüft zu werden.

»All honor to him who shall win the prize,
The world has cried for a thousand years,
But to him who tries and who fails and dies,
I give great honor and glory and tears. [. . .]
And great is the man with a sword undrawn,
And good is the man who refrains from wine
But the man who fails and yet still fights on,
Lo, he is the twin-brother of mine.«

– Joaquin Miller*

* »Ehre dem, der den Preis gewinnt,
Die Welt weint seit tausend Jahren,
Doch dem, der versucht und versagt und stirbt,
Dem zolle ich Ehre, Ruhm und Tränen. [. . .]
Groß ist der Mensch, der das Schwert nicht zieht,
Und gut der, der sich des Weines enthält,
doch der Mensch, der scheitert und weiterkämpft,
Seht, der ist mein Zwilling im Geiste.«
– Joaquin Miller

KÖRPERLICHE UND GEISTIGE BEEINTRÄCHTIGUNGEN

Es gibt zwei Arten von Beeinträchtigungen – geistige und rein körperliche. Letztere sollten uns nicht weiter beunruhigen, sofern ein starker, robuster Geist vorhanden ist, selbst wenn er verborgen und unterentwickelt ist.

Auf der Westroute meiner jüngsten Vortragsreise lernte ich einen äußerst interessanten Mann kennen. Ich hatte schon mehrere Kilometer Autofahrt mit ihm hinter mir und mich beinahe drei Stunden lang mit ihm unterhalten, da merkte ich erst, dass er blind war. Er trug zwar eine dunkle Brille, doch abgesehen davon gab es keinen Hinweis auf eine Behinderung wie Blindheit, die zu den größten körperlichen Beeinträchtigungen zählt. Geistig war dieser Mann keinesfalls beeinträchtigt. Er ist einer der eloquentesten Redner, die ich je gehört habe, und besitzt die seltene Fähigkeit, Themen anzusprechen, die dazu anregen, nachzudenken, zu analysieren und zu synthetisieren.

Der Mann, von dem ich spreche, ist Reverend Wilmore Kendall, Pfarrer der Methodistengemeinde von Lawton, Oklahoma. Dr. Kendall ist bereits als Kind erblindet. Vor ein paar Jahren stellte er sich bei der Northwestern University in Chicago vor, um sich zu immatrikulieren. Dort reagierte man überrascht – und als er sagte, er habe nur 35 Dollar, um sein Studium zu finanzieren, beschlich manchen der Verdacht, mit ihm könnte etwas nicht stimmen. Und so war es auch! Schade nur, dass dieses »Etwas« nicht für mehr Menschen gilt.

Die Universität verweigerte ihm die Einschreibung. Da ging er ein-, zweimal um den Block, fasste einen Plan, kam zurück und bat um eine Probezeit von drei Monaten. Wenn es dann nicht liefe, könnten Sie ihn immer noch hinauswerfen. Mehr aus Mitleid als aus anderen Gründen willigten sie ein. Niemand rechnete damit, dass er es schaffen und weitermachen könnte.

Doch er hat es allen gezeigt! Er bestand dieses und alle folgenden Semester bis zur Abschlussprüfung. Und wie, glauben Sie, hat er sein Studium finanziert? Haltet euch fest, und macht euch für einen Schock bereit, Ihr Jammerlappen, die Ihr ständig heult und hadert, weil Euch das Schicksal »keine Chance gibt«: Er finanzierte sich, indem er die Vorlesungen mitschrieb, Abschriften anfertigte und an andere Studenten verkaufte.

Das ist wahrhaft ein Mann, von dem wir uns alle eine Scheibe abschneiden sollten. Hätten wir sein Selbstvertrauen, seine Entschlossenheit, seine Konzentrationsfähigkeit und Willenskraft, könnten wir im Leben alles erreichen – und das alles können wir uns *genau so beschaffen, wie ihm das gelungen ist.*

Die folgende Zeitungsmeldung berichtet über einen weiteren Fall körperlicher Beeinträchtigung, die den Erfolg nicht verhindert hat: Vor Jahren stürzte ein 15-Jähriger oben im Copper Country vor einen Zug. Als er aus dem Krankenhaus kam, stand er vor dem Nichts. Beide Beine waren ihm auf Kniehöhe amputiert worden, sein linker Arm ebenfalls. Die rechte Hand war nur noch ein Stumpf. Es schien, als bliebe ihm nur das Armenhaus und keine andere Aussicht als die auf ein Grab auf dem Armenfriedhof.

Gestern berichtete Michael J. Dowling, Vorsitzender der Bankiersvereinigung von Minnesota und Gouverneurskandidat für diesen Bundesstaat, wie der Junge dem Armenhaus und dem Armenfriedhof ein Schnippchen schlug. Denn dieser verkrüppelte – und trotzdem erfolgreiche – junge Mensch war kein anderer als Dowling selbst. Auf Prothesen, mit einem künstlichen Arm im linken Ärmel, gab er beim Mittagessen des Gewerbevereins im Hotel La Salle seine Philosophie zum Besten:

»Ein hilfloser Dauerkrüppel ist nur ein Mensch mit verkrüppeltem Verstand«, erklärte Dowling. »Und auf meinen Reisen habe ich mehr dauerhaft behinderte – aber körperlich unversehrte – Menschen getroffen als unter Körperbehinderten. Ein Mensch, der Arme, Beine oder Augen verloren hat, kann ein produktives Mitglied der Gesellschaft sein, wenn er die Möglichkeit hat, eine Tätigkeit zu erlernen, bei der seine körperliche Beeinträchtigung nicht seine Leistungsfähigkeit einschränkt. Es gibt keinen Grund, warum ein solcher Mann nicht heiraten und Mittelpunkt einer glücklichen Familie sein sollte, für deren Unterhalt er sorgt. Holzbeine und -arme sind nicht erblich – ein Holzkopf dagegen schon. Ich habe drei Töchter – alle ohne hölzerne Körperteile. Ich bin einigermaßen erfolgreich. Es gibt keinen Grund, aus dem ein Krüppel nicht Erfolg haben sollte, wenn er sein Herz und seinen Kopf am rechten Fleck hat.«

Dowling hat vollkommen recht: »Nur ein Mensch mit einem verkrüppelten Kopf ist für immer ein hilfloser Krüppel.« Ich kenne jedenfalls keine Abhilfe dagegen. Doch es leiden viele unter mangelnder geistiger Entwicklung, die durchaus Erfolg haben könnten, wenn sie nur ihre geistigen Möglichkeiten erschlössen.

Wer einen Arm verliert, oder auch beide Arme, oder gar Arme und Beine, kann in der Welt immer noch viel erreichen, wenn er sich im Kopf nicht aufgibt. Ich bin fest davon überzeugt, dass ich auch ohne meine Beine, Arme oder gar meine Augen zurechtkäme, solange nur mein Kopf weiter funktioniert und ich noch in mein Ediphon sprechen kann. Wenn ich an Reverend Kendall aus Lawton, Oklahoma denke, schäme ich mich. Er kann nicht sehen und hat der Welt doch so viel Gutes getan – und tut es noch –, während ich meine Augen und alle anderen körperlichen Fähigkeiten voll nutzen kann und doch so wenig bewirkt habe. Wenn Sie zu Selbstmitleid neigen, sollten Sie sich Vorbilder wie Kendall suchen und sich von ihnen die richtigen Impulse holen. Das wird Ihnen gut tun.

AUSREDEN

Ein weitverbreiteter Fehler besteht darin, eine Entschuldigung oder Ausrede als Erklärung für den eigenen Misserfolg zu finden. Das wäre an sich nicht so schlimm, gäbe es nicht die universelle Neigung, überall nach dieser Ausrede zu suchen, nur nicht im Spiegel.

Letztes Jahr hat bei uns ein Mann gearbeitet, der immer genau begründen konnte, *warum er nichts zustande brachte*. Heute ist er nicht mehr bei uns. Es zog ihn weiter, hinaus in die Reihen der unbesungenen Millionen, aus denen 95 Prozent der Menschheit besteht – der *Versager*. Würden Sie ihn bitten, die Geschichte aus seiner Sicht zu erzählen, würde er sicher sagen, das Problem liege nicht bei *ihm*. Das Problem sei vielmehr, dass diese Zeitschrift einen tollen Kerl wie ihn einfach nicht zu schätzen wusste.

Es erfordert Mut – und man muss Größe besitzen und ehrlich genug sein –, sich selbst ins Gesicht zu sehen und zu sagen: »Ich sehe den Menschen, der zwischen mir und dem Erfolg steht – mach Platz, damit ich weiterkommen kann!« Solche Menschen gibt es nicht viele, doch findet man einen, ist das immer jemand, der verdienstvolle Dinge tut und der Welt konstruktive, nützliche Dienste leistet.

Es mag eine gewisse Genugtuung verschaffen, anderen das eigene Versagen oder sein schlimmes Schicksal anzulasten, doch diese Einstellung ist sicherlich nicht dazu angetan, die eigene Lebenssituation zu verbessern. Ich sollte das wissen, denn ich muss zugeben, es seinerzeit oft genug ausprobiert zu haben – um festzustellen, dass es nichts bringt.

Da kommt mir ein lieber Freund in den Sinn, mit dem ich oft geschäftlich zu tun habe. Ich kenne ihn so gut, dass ich mir herausnehme, ihm zu sagen, was ich für seine größten Handicaps halte. Bisher hat das aber nur dazu geführt, dass er mir für jeden Fehler, auf den ich ihn hinwies, einen meiner vorhielt. Vielleicht zu Recht – vielleicht habe ich ja tatsächlich mehr Fehler als er, *doch was ich den Lesern dieser Zeilen vermitteln möchte, damit sie es verstehen, verinnerlichen und anwenden, ist vor allem: Ganz gleich, wie viele Fehler er an mir oder anderen findet, er wird sinken oder schwimmen, steigen oder fallen aus eigenem Verdienst. Und wenn er nicht aufhört, Ausflüchte zu suchen und stattdessen an seinem Charakter arbeitet, indem er sich selbst ehrlich ins Gesicht sieht, wird er dort enden, wo alle Menschen landen, die sich in Ausreden flüchten – auf dem Schrottplatz des Misserfolgs.*

Wir werden alle gern umschmeichelt, doch die Wahrheit über seine eigenen Unzulänglichkeiten hört keiner gern. So eine Schmeichelei ist eine gute Sache. Sie bringt uns dazu, uns mehr anzustrengen – doch zu viel des Guten lässt uns träge werden.

Hätte ich keine Feinde, müsste ich losgehen, um mir gezielt ein paar zu machen, denn nur so bleibe ich immer wachsam, werde nicht selbstgefällig und befinde mich in der einen oder anderen Hinsicht immer in Verteidigungsstellung. In der Defensive werde ich stärker, entwickle meine strategischen Kompetenzen und bleibe kampfbereit, damit ich jederzeit losschlagen kann, wenn es nötig ist.

Es bringt Sie nicht weiter, die Fehler anderer zu suchen, die Sie nicht mögen oder die den Mut hatten, Sie auf Ihre Fehler hinzuweisen – oder die Sie in den Schatten gestellt und geschafft haben, woran Sie gescheitert sind. Sie haben sicherlich Fehler, keine Frage, doch sie Ihnen nachzuweisen, ist Zeitverschwendung, denn es bringt Sie nicht weiter. Sie sollten Ihre Zeit lieber darauf verwenden, sich an die eigene Nase zu fassen und sich zu fragen, warum Sie gescheitert sind, und was Sie gegen die Fehler tun können, auf die man Sie hingewiesen hat.

Das macht nicht so viel Spaß wie der Applaus williger, freundlicher Bewunderer, bringt Ihnen aber auf lange Sicht viel mehr.

DIE STRASSE ZUM ERFOLG IST KAMPF

Darf ich Ihre Aufmerksamkeit für ein paar Minuten auf ein Thema lenken, das mich in den vergangenen Jahren stark beschäftigt hat? Ich bin dabei zu den einzigen Schlussfolgerungen gelangt, die einem aufgeschlossenen Menschen möglich waren. Wieder einmal habe ich so viele Belege für die Tragfähigkeit des Prinzips, das ich Ihnen vermitteln möchte, gefunden, dass ich Ihnen nur dringend ans Herz legen kann, sich ernsthaft damit auseinanderzusetzen.

Könnte ein Backstein sprechen, würde er sich sicherlich darüber beschweren, dass er in einen glühend heißen Ofen geschoben und stundenlang gebrannt wurde. Der Prozess ist aber nötig, um ihm die nötige Beständigkeit zu verleihen, dem Ansturm der Elemente standzuhalten.

Der Preisboxer muss viel einstecken, bevor er in der Lage ist, in den Ring zu steigen und einem Gegner entgegenzutreten. Ist er dazu nicht bereit – und zu den Vorbereitungen auf den abschließenden Kampf –, so bezahlt er dafür mit einer sicheren Niederlage.

Gerade kam mein kleiner Sohn auf wackeligen Beinchen in mein Arbeitszimmer gestapft, mit Tränen in den Augen. Kurz zuvor war er böse hingefallen bei dem Versuch, sich auf diesen Beinchen zu halten. Er lernt gerade laufen. Und das würde er nie meistern, ohne dauernd hinzufallen und immer wieder aufzustehen.

Der Adler baut sein Nest hoch oben über den Baumwipfeln, auf einem Felsvorsprung im Steilhang, wo kein Räuber – ob Mensch oder Tier – seine Jungen erreicht. Obwohl er seine Brut so sorgsam behütet, setzt er sie bewusst einer anderen Gefahr aus, sobald er sie für reif hält, fliegen zu lernen. Er schiebt seine Jungen an den Abgrund, stößt sie hinunter und »*lässt sie fliegen*«. Natürlich ist der Adler an ihrer Seite, und wenn sie noch zu schwach sind, fängt er sie auf, trägt sie ins Nest zurück und wartet noch ein paar Tage, bis er einen neuen Versuch startet. Nur so lernen Jungadler fliegen – *durch Kampf.*

Es ist lohnender, ein aufmerksamer Zuhörer zu sein, als ein eloquenter Redner.

Je mehr Zeit und Erfahrung meine Erkenntnisse über die stillen Vorgänge der Natur erweitern, desto klarer nehme ich die führende Hand wahr, die uns in den Kampf schiebt, damit wir daraus mit mehr Erfahrungen hervorgehen, die wir fürs Leben brauchen.

Das Kompensationsgesetz hilft dem Menschen unaufhaltsam durch Kampf weiter und weiter nach oben. Zum Spitzensportler wird man nur durch Übung, Training und Kampf – und zum zupackenden Menschen nur durch *Zupacken.* Manche lernen leicht und schnell, anderen muss die Natur erst das Herz brechen, bevor sie ihre Zeichen der Zeit erkennen.

Vor Jahren, als ich noch nicht gelernt hatte, zu lesen, was mir die Natur vor Augen hielt, fragte ich mich oft, wann, wo und wie ich zu mir selbst finden würde, woran ich das erkennen und wie ich merken würde, ob ich meine Lebensaufgabe gefunden hatte. Ich nehme an, darüber macht sich auch mancher andere Gedanken.

Sie alle kann ich beruhigen und ihnen Hoffnung machen. Sie können sicher sein: Solange Ihnen die Natur Leid und Widrigkeiten in den Weg legt, kämpft sie mit Ihnen und versucht, Sie in die richtige Spur zu bringen. Sie versucht, Sie von den Abwegen des Versagens auf die Hauptstraße zum Erfolg zu führen.

Lesen Sie den vorstehenden Absatz noch einmal!

Sind Sie unglücklich, erfolglos und haben Probleme, dann stimmt etwas nicht. Diese Geisteszustände sind die Wegweiser der Natur, die Ihnen sagen, dass Sie in die falsche Richtung gehen.

Missverstehen Sie mich bitte nicht: Die Natur weist stets den richtigen Weg, und *Sie merken, wenn Sie in die richtige Richtung unterwegs sind – so unmissverständlich, wie Sie merken, wenn Sie*

Ihre Hand auf die heiße Herdplatte legen. Sind Sie unglücklich, lassen Sie sich nicht darüber hinwegtäuschen, dass dies keine naturgegebene Verfassung ist – Sie haben das Recht, glücklich zu sein. Sind Sie unglücklich, ist das ein sicheres Signal dafür, *dass in Ihrem Leben etwas nicht in Ordnung ist.* Wer aber stellt fest, was da nicht stimmt? Sie natürlich! Das können nur Sie allein.

Ein paar Zeitgenossen – und es sind wirklich wenige – folgen der leitenden Hand der Natur leicht und bereitwillig. Für solche Menschen ist der große Kampf nicht so heftig. Sie reagieren prompt, wenn die Natur sie in Gestalt geringfügiger Widerstände am Ellenbogen fasst. Die meisten von uns müssen aber ordentlich zurechtgewiesen werden, bevor sie das merken.

Die Grundsätze zum Erreichen von materiellem, monetärem Erfolg sind verhältnismäßig simpel. Sie wurden in der Märzausgabe dieser Zeitschrift ausgeführt – unter der Überschrift »The Great Magic Ladder to Success« (dt.: »Die große magische Erfolgsleiter«). Diese Leiter hat 16 Sprossen. Jede einzelne davon ist einfach und leicht zu erreichen, doch der Preis, der für jeden Schritt nach oben gezahlt werden muss, ist der Kampf – auf jeder Stufe aufs Neue.

Nichts ist umsonst! Sie können im Leben alles haben, doch Sie müssen den Preis dafür zahlen – in Form von Kampf, Opfer und intelligentem Bemühen. Dabei können Sie sich der Kraft des Vergeltungsgesetzes bedienen – ein Gesetz, durch dessen Anwendung Sie genau das *erhalten,* was Sie anderen *geben.*

Taucht auf Ihrer Arbeitsstelle ein Fremder auf oder ein Mann, dessen Vorgeschichte Sie nicht kennen, und will die Leitung übernehmen, sollten Sie sich die Mühe machen, ihn zumindest mit dem bisherigen Werksleiter zu vergleichen, um zu sehen, wer sich als die bessere Führungspersönlichkeit erweist.

Sorgen und ärgern Sie sich nicht länger über Ihre Probleme und Missgeschicke. Danken Sie lieber Ihrem Schöpfer, dass er Ihnen in seiner Weisheit zur Orientierung diese Wegweiser mitgegeben hat. Der geistige Normalzustand ist ein Glücksgefühl. So sicher, wie die Sonne im Osten auf- und im Westen untergeht, wird ein Mensch glücklich, der gelernt hat, seinen Kurs zu ändern, wenn er auf Wegweiser wie Misserfolg, Unglück oder schlechtes Gewissen trifft.

Das Wort *Gewissen* kennen die meisten, doch nur wenige wissen, dass es sich dabei um einen meisterhaften Alchimisten handelt, der die Schlacke und die Basismetalle des Scheiterns und Elends in das reine Gold des Erfolgs verwandeln kann. Doch, das ist so – und zwar nicht nur im übertragenen Sinne, sondern *wortwörtlich*. Je härter Ihnen der Kampf vorkommt, desto klarer spricht daraus der Hinweis, dass Sie an sich arbeiten müssen.

Sehen Sie sich besonders gnadenlos mit Widrigkeiten, Fehlschlägen und frustrierenden Erlebnissen konfrontiert, will ich Ihnen diese Formel an die Hand geben, mit der Sie sich zur Wehr setzen können: Ändern Sie Ihre Einstellung zu Ihren Mitmenschen, und widmen Sie sich mit ganzer Kraft der Aufgabe, andere glücklich zu machen. In Ihrem Kampf, der den Preis darstellt, den Sie der Natur dafür zahlen müssen, dass Sie sie verwandelt, werden Sie auch selbst Ihr Glück finden.

Doch um es zu bekommen, müssen Sie es zunächst anderen spenden. Belächeln Sie diesen schlichten, vertrauten Rat nicht. Er kommt von einem, der diese Formel auf die Probe gestellt und sie für richtig befunden hat – und deshalb weiß, wovon er spricht.

Wenn Sie Ihr Glück gefunden und Ihr »Temperament« in den Griff bekommen haben, wenn Sie gelernt haben, Ihren Mitmenschen mit Toleranz und Empathie zu begegnen, wenn Sie gelernt haben, sich hinzusetzen und in aller Ruhe eine persönliche Bestandsaufnahme zu machen, dann werden Sie sehen – und zwar so klar, wie an einem schönen Tag die Sonne –, dass Ihnen die Natur den Kampf als einziges Mittel auferlegt hat, Ihnen den Weg aus der Dunkelheit zu weisen. Dann wissen Sie, dass Sie sich selbst gefunden haben. Und dass der Lebenskampf seinen Sinn hat. Sie wissen, dass Sie der Schöpfer an den Rand des Felsvorsprungs geschoben und Sie hinuntergestoßen hat wie der Adler seine Jungen – damit Sie fliegen lernen. Dann werden Sie mit der gesamten Menschheit Frieden schließen, weil Sie merken, dass der Kampf, den Sie gegen den Widerstand Ihrer Mitmenschen bestehen mussten, die nötige Schulung war, um Ihren Platz in der Welt zu finden. Sie werden auch sehen, dass in Wirklichkeit Sie selbst, nicht Ihre Mitmenschen, die Ursache für diesen Kampf waren.

Dies ist wohl der beste Leitartikel, den ich bisher geschrieben habe. Ich bin mir aber sicher: Nur, wer selbst weiß, was es heißt, zu kämpfen und zu scheitern, und wer erlebt hat, wie aus den schlimmsten Niederlagen Erfolg erwachsen kann, wird ihn wirklich zu würdigen wissen. Alle anderen werden das vielleicht später tun, wenn Sie Widrigkeiten, Fehlschläge und Entmutigung erlebt haben – wenn Sie wie ich entdeckt haben, dass Kampf die Methode ist, mit der die Natur den Menschen beibringt, auf wackeligen Babybeinchen laufen zu lernen.

WER KLEIN ANFÄNGT, KANN GROSS HERAUSKOMMEN

In der Stadt Lawton in Oklahoma lebt ein Mann, den ich Ihnen gerne vorstellen möchte. Er heißt J. Hale Edwards und ist Chef des Lawton Business College. Was mich zu diesem kurzen Leitartikel veranlasst hat: Edwards besitzt bestimmte Eigenschaften, die Sie, ich und jeder andere Mensch auf Erden entwickeln müssen, damit wir Erfolg haben können. Insbesondere weiß er, dass Erfolg nur erreichbar ist, indem man den Preis zahlt, der stets dafür verlangt wird. Er weiß, dass man erst *nehmen darf*, wenn man zuvor *gegeben* hat. Vor allem aber hat er gelernt, was so viele andere, sonst große Geister nie verstehen: dass große *Erfolge* in aller Regel bescheiden *anfangen*.

Ich kam nach Lawton, um im Public Auditorium unter der Schirmherrschaft von Edwards' Hochschule zu den Bürgern der Stadt zu sprechen. Im Publikum saßen tolle Menschen, wie ich sie stets gerne kennenlerne. Hätte ich Edwards nicht schon gekannt, hätte ich Ihnen anhand seines Publikums sagen können, was er für ein Mensch ist.

Seine Hochschule besuchte ich erst am Tag nach meiner Rede. Natürlich hatte ich mit einer großen, komplexen betriebswirtschaftlichen Fakultät gerechnet, wie man sie in fast jeder Stadt von der Größe Lawtons findet – mit entsprechender Personalausstattung. Nach der Größe und Qualität des Publikums zu urteilen, das Edwards zu meinem Vortrag zusammengebracht hatte, hätte seine Hochschule ebenfalls groß sein müssen. Doch das war sie nicht. Was ihr an Quantität fehlte, machte sie aber, da bin ich überzeugt, durch *Qualität* wett.

Der Lehrkörper bestand nur aus Edwards und seiner Frau. Die Einrichtung der Lehranstalt war aus einfachem, rohem Holz Marke Eigenbau, doch soweit ich sehen konnte, erfüllte sie ihren Zweck so gut, als wäre sie aus Gold.

Wer nicht Präsident der Vereinigten Staaten sein kann, der sollte versuchen, für sich den nächstbesten Platz zu finden, an dem er sich dafür einsetzen kann, dass die Menschen erkennen, wie lohnend es ist, einander anständig zu behandeln.

Das sage ich nicht mit Blick auf die Ausstattung der Hochschule meines Gastgebers, sondern ich meine es als Kompliment für seine Intelligenz, seine Beharrlichkeit und seine Entschlossenheit. So sicher, wie Sie diese Zeilen lesen, wird sich J. Hale Edwards hervortun und in kürzester Zeit einen Platz unter den größeren, besser ausgestatteten Hochschulen einnehmen. Es findet sich nur selten ein Mensch, der bereit ist, ganz unten anzufangen, doch haben Sie ihn gefunden, können Sie sicher sein, dass er es ganz nach oben schaffen wird – noch vor all jenen, die weiter oben auf der Leiter eingestiegen sind.

Edwards Hochschule ist kleiner als viele andere, doch ich bezweifle, dass man an den größeren Einrichtungen mehr lernt. Seine Lehranstalt hat sogar Vorteile gegenüber größeren, denn er kann seine Studenten besser persönlich betreuen. Ich weiß, was man auch mit einfachsten Mitteln erreichen kann. Ich habe meine ersten Kurse in Betriebswirtschaft bei einem Mann belegt, der nur zwei kleine Zimmer in einem Wohnhaus hatte und dort gerade mal ein Dutzend Studenten unterbringen konnte.

Auf meinem Schreibtisch liegt ein Manuskript, das unserer Zeitschrift zur Veröffentlichung angeboten wurde. Ich habe den Namen auf dem Manuskript sofort erkannt. Ich habe ihn vor rund 20 Jahren zum ersten Mal gehört. Der Autor hat mich seinerzeit als »das Landei aus der Kohlegrube« bezeichnet. Damals ging er aufs College, ich arbeitete in der Mine. Als wir uns kennenlernten, hielt er es für schlau, mir zu zeigen, dass er in einer anderen Liga spiele.

***Gelassenheit* gehört zu den schönsten Juwelen der Weisheit. Sie ist der Lohn für langjährige geduldige Selbstbeherrschung.**

Ich habe das Manuskript gelesen. Es ist durchaus geschliffen formuliert – sogar viel besser, als ich es könnte, aber es *hat keine Seele*. Es enthält keinen verdienstvollen Gedanken. Es ist wie abgestandenes Bier – es hat keinen »Kick«.

Der Autor des Manuskripts hat nicht tief genug auf der Leiter begonnen. Ein paar der Bergwerkserfahrungen, mit denen er mich zu schikanieren versuchte, hätten ihm vielleicht ganz gut getan. Ich weiß es nicht. Aber eines weiß ich – es schadet nie, ganz unten anzufangen. Meiner Ansicht nach ist das sogar der einzig richtige Ausgangspunkt. Aus diesem Grund sage ich: Behaltet J. Hale Edwards aus Lawton, Oklahoma, im Auge – denn er ist bereit, *ganz unten anzufangen*.

DIE ERSTAUNLICHSTE EPOCHE ALLER ZEITEN

Wer in die heutige Zeit hineingeboren wurde, darf sich ausgesprochen glücklich schätzen, denn sie ist die fortschrittlichste und spannendste Epoche aller Zeiten. Der Menschheit ist zu meinen Lebzeiten, also in den letzten 30 Jahren, ein reiches Erbe zugefallen. Wir haben die Entwicklung beziehungsweise Entdeckung des Automobils erlebt, der Flugmaschine, des Telefons, der Telegrafie, des Unterseeboots (mit Möglichkeiten zur konstruktiven Nutzung beim Abbau von Erzen, fossilen Brennstoffen und anderen natürlichen Rohstoffen am Meeresboden), der Röntgenstrahlen, der Schreibmaschine und viele weitere nützliche Erfindungen, mit deren Hilfe sich der Mensch die Kräfte des Universums zunutze machen kann.

Noch fantastischer als all die mechanischen Wunderwerke sind die Erkenntnisse über den menschlichen Geist und seine Möglichkeiten. Allmählich entdecken wir, wie wir Ängste, Sorgen, Frust und den schlimmsten aller abträglichen Geisteszustände, den Aberglauben, überwinden können. Denn »an sich ist nichts weder gut noch böse; das Denken macht es erst dazu« (Hamlet, Akt II, Szene II), wie wir festgestellt haben.

Inzwischen experimentiert die Menschheit mit dem menschlichen Geist. Alle großen Entdeckungen folgen demselben Muster: Erst kommen die Experimente, dann die Erfahrung und die Praxis. Bald schon werden wir viel mehr über die wundervolle Maschine des menschlichen Geistes wissen. Dann werden wir den nächsten großen Schritt in die Zukunft gehen – mit der Ausrottung von Krankheit, Hass, Unstimmigkeiten zwischen den Menschen und einer ganzen Reihe weiterer Mühlsteine, die um den Hals der Menschheit hängen.

Diejenigen unter uns, die noch 50 aktive Jahre vor sich haben, werden vielleicht erleben, wie mehr erreicht wird, als wir es in den vergangenen 50 Jahren erfahren haben. Wenn sich die Möglichkeiten des menschlichen Geistes erschließen, wird viel passieren auf der Welt.

Das neue Zeitalter, das nach Kriegsende begonnen hat, ließe sich wohl trefflich als Zyklus der Entdeckung des Geistes bezeichnen, die soeben zu Ende gegangene Ära dagegen als Zyklus der mechanischen und physikalischen Entdeckungen.

Die Evolution entwickelt sich in Zyklen. Erst kommt eine Phase der materiellen Entwicklung, dann eine Phase der geistigen. Zu Anfang dieser Zyklen oder Entwicklungsphasen setzen wir die verfügbaren Instrumente unbedacht ein, oftmals sogar zerstörerisch. So wie das U-Boot zunächst Vorbote des Todes war, wird es später als Werkzeug wissenschaftlicher Untersuchungen und Fortschritte eingesetzt werden. Wir werden unsere Ouijabretter und andere fingierte mechanische Vorrichtungen haben, um zu verhindern, dass die große, unbekannte, unkartierte Masse geistiger Phänomene zu Anfang dieses neuen Zyklus der geistigen Entwicklung destruktiv eingesetzt werden.

Die Straße zum Erfolg ist der Weg des Kampfes. Was man kampflos erwirbt oder erlangt, hat keinen Bestand, dessen können Sie gewiss sein. Denken Sie nur an die Eiche und den Kürbis – die Eiche braucht zehn Jahre, um zu wachsen, der Kürbis nur eine Saison.

Lassen Sie sich dadurch nicht beunruhigen. Die gute Nachricht ist, dass wir tatsächlich begonnen haben, das Potenzial des menschlichen Geistes zu ergründen. Dabei gibt es, wie immer im Leben, natürlich auch Schwindler – Zeitgenossen, welche die Gelegenheit ergreifen, um die Leichtgläubigkeit anderer auszunutzen. Doch sie werden vergehen, und die Wahrheit wird in der ihr eigenen Schönheit erstrahlen, schnörkellos und ohne das Brimborium derjenigen, die aus persönlicher Profitgier verhindern wollen, dass wir sie nutzen.

Es wird die Sir Oliver Lodges und die Conan Doyles geben, doch davon sollten wir uns nicht beirren lassen. Sie halten es für ihr Vorrecht, Fiktion zu verkaufen, um daran zu verdienen. Angesichts der Tatsache, wie viele Jahre Conan Doyle damit verbracht hat, sich Dinge auszudenken wie seine Sherlock-Holmes-Detektivgeschichten und dergleichen, können wir von einem Mann wie ihm kaum erwarten, dass er etwas anderes hervorbringt als reine Fiktion. Bei der Arbeit an diesen Geschichten hat sich sein Geist darauf eingestellt, nicht in der Realität, sondern in der Sphäre der Fantasie zu existieren.

Wie ein notorischer Lügner irgendwann anfängt, seine eigenen Geschichten zu glauben, so gelangen auch Menschen, die in ihrer Fantasie leben, schließlich zu der Überzeugung, dass das, was sie sich ausgedacht haben, stimmt. Wir dürfen ihnen das nur insoweit übel nehmen, als ihr Seemannsgarn die Leichtgläubigen zu ihrem eigenen Schaden in die Irre führt und sie aus dem Gleichgewicht bringt.

Die Wahrheit wird solche Vorkommnisse letztlich unmöglich machen. Wir werden mehr über die Möglichkeiten des menschlichen Geistes erfahren. Und obwohl ich das jetzt noch nicht mit Sicherheit sagen kann, gehe ich stark davon aus, dass wir feststellen werden, dass auf dieser Erde niemand mehr für uns tun kann als wir selbst, wenn wir unseren diesbezüglichen Experimenten und Entdeckungen auf den Grund gegangen sind. Ich vermute, wir werden in unserem eigenen Geist all das verborgene Potenzial erkennen, das wir im Geiste anderer finden können. Ich glaube, wir werden in unserem eigenen Geist jede Kraft aufspüren, die wir nur irgend einsetzen können – alle Kraft, die wir in diesem Leben brauchen.

DAS EWIGE GESETZ DER ANZIEHUNG

Manche Eltern klagen, dass sie sich um ihre Söhne und Töchter sorgen, weil diese von zu Hause fortgehen wollen. Bauern monieren, ihre Kinder ziehe es in die Stadt. Dagegen gibt es ein einfaches Mittel. Sorgen Sie dafür, dass sich ihre Kinder zu Hause wohler fühlen als anderswo. Dann wird es sie nicht mehr in die Ferne ziehen. Zu viele Verbote bringen jeden jungen Menschen dazu, sich andere Gesellschaft zu suchen und die Bindung zur Familie nach und nach zu kappen. Interessieren sich junge Menschen für Musik, sollten Sie nichts dagegen haben. Wollen sie tanzen, lassen Sie sie. Finden Sie heraus, was sie aus dem Haus zieht, und halten Sie sie, indem sie ihnen genau das bieten.

Wer sich eingeschränkt fühlt, will ausbrechen – ganz gleich, welcher Art die Einschränkungen sind. Der menschliche Geist rebelliert gegen alles, was ihm aufgezwungen wird. Sie bringen andere durch das Gesetz der Anziehung dazu, bestimmte Dinge zu tun – nicht durch das Gesetz der Gewalt.

Die Kirchen – zumindest manche – sind nicht so gut gefüllt, wie sie es sein könnten. Die Pfarrer können sich darüber beschweren und die Menschen drängen und unter Druck setzen – doch je mehr sie das tun, desto leerer werden die Kirchenbänke. Die Menschen gehen nur dann in die Kirche, wenn sie sich dort hingezogen fühlen. Machen Sie das Programm in der Kirche so attraktiv wie einen Kinofilm – und bald werden die Kinos am Sonntag schließen. Die Menschen gehen ins Kino, weil die Filmemacher herausfinden, was die Menschen sehen möchten, *und es ihnen bieten*. Das zahlt sich bei jedem Unterfangen aus. Nichts bringt so viel ein, wie den Menschen die Dienste zu leisten oder die Unterhaltung zu bieten, die sie wollen.

Manche Kinder schwänzen die Schule, während anderen egal ist, was sich während der Schulzeit außerhalb des Klassenzimmers abspielt. Dem ist leicht abzuhelfen. Sorgen Sie dafür, dass die Schule interessant wird. Gestalten Sie den Unterricht so unterhaltsam wie lehrreich, dann werden die jungen Menschen regelrecht in die Schule *gezogen*. Sie werden mehr Interesse zeigen und sich besser merken, was sie dort lernen.

Fehler und Misserfolge wollen stets erklärt sein, Erfolg erklärt sich von selbst. Widmen Sie Ihre Zeit daher der Arbeit an Ihrem Erfolg, dann brauchen Sie keine »Ausreden«.

Manche Ehemänner gehen fremd, wenn sich die Gelegenheit bietet, andere sorgen gezielt für solche Gelegenheiten. Wann werden die Ehefrauen wohl vom Gesetz der Anziehung erfahren, durch dessen Wirkung sie ihre Männer so faszinieren können wie vor der Hochzeit? Einige Ehefrauen kennen dieses Gesetz, sorgen dafür, dass sie attraktiv bleiben, und können ihre Männer halten. Die meisten Frauen wissen nicht, wie das geht.

Manche fortschrittliche Arbeitgeber haben dieses Gesetz für sich entdeckt und nutzen es in der Praxis, indem sie ihre Arbeitsplätze attraktiv gestalten. In den großen Abpackbetrieben der Lagerplätze in Chicago wissen die Packer ein freundliches Umfeld zu schätzen. Es gibt ansprechende Pausenräume für die Arbeiterinnen. Es wurden Tanzsäle mit Musik eingerichtet, und alles wirkt freundlich und einladend.

Es ist nur eine Frage der Zeit, bis alle Arbeitgeber lernen, Mensch und Tier angemessen unterzubringen. Landwirte und Molkereibetreiber, zumindest die moderneren, merken allmählich, dass es sich auszahlt, Kühe trocken und komfortabel zu halten. In angenehmer Umgebung geben sie mehr Milch.

Schon bald werden die Arbeitgeber dank der intelligenten Beiträge der Wirtschaftsingenieure begreifen, dass es wirtschaftlich einträglich ist, in der Mittagspause für musikalische Untermalung zu sorgen, ansprechende Epigramme und Plakate mit positiven Sprüchen an die Wände zu hängen und vor- und nachmittags Erfrischungen bereitzustellen, wenn die Arbeitnehmer ein Leistungstief haben. An heißen Tagen können Eiswürfel für 50 Cent, Zitronen für 50 Cent, ein Eimer Wasser, der nichts kostet, und ein bisschen Zucker, zu Limonade verrührt und unter den Arbeitern verteilt, die beste Investition für einen Arbeitgeber sein. Vielleicht würde es sich sogar lohnen, einen Burschen einzustellen, der etwa stündlich so einen Eimer herumreicht – vor allem an langen, heißen Nachmittagen.

Es wäre keine schlechte Idee für ein Filmstudio (oder einen anderen umtriebigen Yankee, der eine gute Idee erkennt, wenn er davon hört), eine Kurzfilmreihe zu drehen, etwa über den Lohn der Loyalität, den Nutzen fleißiger Arbeit, den Wert von Eigeninitiative und so weiter. Diese Filme könnte man nachmittags in einer 15-minütigen Kaffeepause vorführen. Wer diese Idee aufgreift, sollte parallel dazu unbedingt auch für musikalische Untermalung sorgen und dafür sorgfältig inspirierende Musik auswählen, die die Leute pfeifend oder summend mit einem fröhlichen Ohrwurm an die Arbeit zurückkehren lässt. Dieser könnte sie dann bis zum Feierabend begleiten und dafür sorgen, dass sie die 15 oder 20 Pausenminuten locker wieder hereinholen.

Gestalten Sie das Arbeitsumfeld ansprechend. Begreifen Sie dieses großartige Gesetz der Anziehung, und wenden Sie es gezielt auf Ihr Unternehmen, Ihren Berufsstand oder Ihr Privatleben an. Immer, wenn Sie jemanden dazu bringen, etwas aus eigenem Antrieb zu tun, bedienen Sie sich dieses Gesetzes. Und das ist tatsächlich die allerbeste Motivation, weil eine Leistung, die als Reaktion auf dieses Gesetz erbracht wird, nie Neid oder Bedauern hervorruft.

Natürlich kann eine Frau ihren Mann anzeigen und zwingen, ihr Unterhalt zu zahlen – doch viel besser ist, für ihn so anziehend zu bleiben, dass er das freiwillig tut. Das Gleiche gilt, wenn Kinder aus dem Haus streben. Fühlen sich Kinder zu Hause nicht wohl und geborgen, stimmt etwas nicht. Natürlich kann das an den Kindern liegen, doch wenn wir genau hinschauen, werden wir vermutlich feststellen, dass die Eltern schuld sind. Das lassen wir Eltern uns nicht gern sagen, wenn sich ein Junge oder ein Mädchen »schlecht« benimmt und sich mit anderen »missratenen« Sprösslingen herumtreibt, doch wenn wir uns mutig der Realität stellen, müssen wir zugeben, dass es so ist.

Das professionelle Klatschmaul trägt unter dem Siegel der Verschwiegenheit Gerüchte von Büro zu Büro und gibt sich als Freund aus, obwohl es in Wirklichkeit den Charakter und den Ruf des Betreffenden zerstören will.

– Bernard Meador

Mark Twains berühmte Romanfigur Tom Sawyer verstand es, andere richtig zu motivieren. Statt zu jammern, dass er einen langen Zaun streichen musste, ließ er die Arbeit so »attraktiv« erscheinen, dass sich die Nachbarsjungen förmlich darum rissen *und ihm sogar Äpfel für das Privileg gaben, ein paar Latten zu tünchen.*

Was man seinen Kindern als »Strafarbeit« aufgibt, wird ihnen schwer vorkommen, und sie werden versuchen, sich davor zu drücken, ganz gleich, wie viel Spaß die Sache macht, wenn man sie aus einem anderen Blickwinkel betrachtet. Das alles lässt sich in wenigen Worten konkret in der Aussage zusammenfassen, dass sich der Mensch nun einmal gern verlocken – und ungern zwingen lässt.

Gerichtsvollzieher sollten sich unbedingt mit diesem Gesetz befassen – vor allem, wenn sie Geld bei Menschen eintreiben müssen, bei denen von »Amts wegen« nichts zu holen ist. Da hilft nur eins: Sie müssen aus eigenem Antrieb zahlen wollen.

Wer lernt, sich dieses fantastischen Gesetzes der Anziehung zu bedienen, ist automatisch ein fähiger Verkäufer – ganz gleich, was er an den Mann bringen will. Denn er versteht sich auf die seltene Kunst der Überredung – die Kunst, andere dazu zu bringen, etwas zu tun, indem er ihnen die positiven Aspekte zeigt und an den Eigennutz des Käufers appelliert. Das ist das A und O der Wissenschaft vom Verkaufen – ob es sich um die eigene Leistung, Güter und Waren oder Fachdienstleistungen handelt, von der Kanzel, aus der Anwaltskanzlei oder in der Buchhaltung, oder darum, bei der künftigen Ehefrau zu landen.

Setzen Sie eher Gewalt ein als Überredungskunst, dann sind Sie auf dem falschen Weg. Je eher Sie das ändern, desto besser für Sie. Es gibt zwei Möglichkeiten, andere dazu zu bringen, etwas zu tun: Man kann sie entweder dazu zwingen, durch Einsatz von Gewalt oder Macht, oder man bedient sich das Gesetzes der Anziehung. Wer den Unterschied zwischen diesen beiden Methoden nicht begreift, dem wird vermutlich auch sonst nichts weiterhelfen, was in diesem Leitartikel steht.

P.S. – ein Nachgedanke: Er stammt eigentlich von meiner Frau, die meine sprachliche Kritikerin ist und nicht wenige Anregungen beiträgt, die ihren Weg in diese Leitartikel finden. Sie riet mir, Arbeitgeber darauf hinzuweisen, dass es vielleicht keine schlechte Idee ist, sich regelmäßig mit dem Betriebsrat zusammenzusetzen, um gemeinsam zu überlegen, wie sich Arbeitsplätze attraktiver gestalten lassen. Sie hält das für eine geeignete Methode, um Probleme schon beizulegen, noch bevor sie eskalieren. Mitarbeiter organisieren sich so oder so. Und dann hören sie auf die dominanteste Leitfigur unter ihnen. Gewerkschaftsführern, die nicht ehrlich mit ihren Anhängern umgehen, sondern sie ausbluten lassen und in vieler Hinsicht auf Abwege führen, kann man nur das Handwerk legen, wenn man seinen Mitarbeitern selbst eine Leitfigur aus den eigenen Reihen präsentiert, die sie besser zu »ködern« versteht.

Vielleicht sollte ich hinzufügen, dass Arbeitgeber oftmals direkt selbst dafür verantwortlich sind, wenn sie die Loyalität ihrer Mitarbeiter verlieren, weil sie gar nicht den Versuch machen, sie zu führen. Doch es wird immer Leitfiguren geben. Wenn das den Betroffenen selbst auch nicht klar ist, dann auf jeden Fall *den Anführern*. Und für einen Arbeitgeber kommt es darauf, wer dieser Anführer ist – was für ein Mensch, ob ehrlich oder unehrlich, ob er mit seinen Anhängern anständig umgeht oder ob er sie ausnutzt. Auch für die Belegschaft ist das ein großer Unterschied.

In manchen Kreisen besteht der einzige Zeitvertreib darin, Hufeisen zu werfen und die Fehler und die Vergangenheit von Nachbarn oder Besuchern durchzuhecheln.

Einem Arbeitgeber, der aus Gleichmut oder Ignoranz zulässt, dass jemand von außen kommt und ihm die Loyalität seiner Leute abspenstig macht, geschieht das vermutlich recht.

Es ist kein Zufall, wenn Mitarbeiter streiken, unzumutbare Forderungen stellen, Löhne verlangen, die von den Gewinnen, die der Arbeitgeber erzielt, nicht gedeckt werden können, oder andere unmögliche Dinge. Es gehört zu den Aufgaben eines Arbeitgebers – oder sollte es zumindest –, seine Leute darüber zu informieren, was für Löhne das Unternehmen zahlen kann. Es ist auch kein Zufall, dass in manchen Betrieben Menschen arbeiten, die glücklich, zufrieden, fleißig und loyal sind. Ja, solche Unternehmen gibt es, und es könnten weitaus mehr sein, wenn sich die Arbeitgeber näher mit dem Gesetz der Anziehung auseinandersetzen würden.

DER MENSCHLICHE GEIST LÄSST SICH NICHT »ZWANGSSTEUERN«

Wer einen Baum schneidet, stärkt Stamm und Wurzeln. Fällt das Gehör aus, werden die übrigen vier Sinne – oder zumindest manche davon – sensibler. Das Vergeltungsgesetz sorgt dafür, dass nichts verloren geht.

Man kann einen Baum in Brand setzen, doch das zerstört nicht seine Bestandteile. Sie gehen zurück, woher sie gekommen sind. Man kann Wasser in Dampf verwandeln, aber nicht zerstören. Irgendwann nimmt es wieder seinen ursprünglichen Zustand an. Dasselbe gilt für den menschlichen Geist. Man kann ihn unterdrücken und manche seiner Aktivitäten steuern – doch in anderer Hinsicht wird er dann entsprechend stärker.

Wird dem menschlichen Geist etwas gegen seinen Willen aufgezwungen, sucht er sich andere Ventile für seine Energie. Diesen Grundsatz sollte sich der Gesetzgeber hinter die Ohren schreiben. Der Niedergang von Königen, Zaren und Kaisern ist nur eine neuere Manifestation der Funktionsweise dieses Prinzips. Das Strafgesetzbuch für das Deutsche Reich von 1870 haben Bismarck und Wilhelm I. unterzeichnet. Die nachstehend zitierten Paragrafen über Hochverrat und Landesverrat hat Bismarck gegenüber Zeitungen, Arbeitnehmerorganisationen und Sozialisten mit aller Härte durchgesetzt – mit einem unerwarteten Ergebnis: Die Sozialisten wurden zur stärksten Partei in Deutschland. Es kam generell so große patriotische Loyalität und Pflichttreue gegenüber der Regierungsform auf, dass heute ein Sattler neuer Präsident der Weimarer Republik ist und Kaiser Wilhelm II. in Holland Windmühlen studiert.

Paragrafen aus dem Reichsstrafgesetzbuch

Erster Abschnitt: Hochverrat und Landesverrat

§ 81. Wer … es unternimmt, … die Verfassung des Deutschen Reichs oder eines Bundesstaats oder die in demselben bestehende Thronfolge gewaltsam zu ändern, … wird wegen Hochverraths mit lebenslänglichem Zuchthaus oder lebenslänglicher Festungshaft bestraft. Sind mildernde Umstände vorhanden, so tritt Festungshaft nicht unter fünf Jahren ein.

§ 82. Als ein Unternehmen, durch welches das Verbrechen des Hochverraths vollendet wird, ist jede Handlung anzusehen, durch welche das Vorhaben unmittelbar zur Ausführung gebracht werden soll.

§ 83. Haben Mehrere die Ausführung eines hochverrätherischen Unternehmens verabredet, ohne daß es zum Beginn einer nach §. 82. strafbaren Handlung … gekommen ist, so werden dieselben mit Zuchthaus nicht unter fünf Jahren oder mit Festungshaft von gleicher Dauer bestraft. Sind mildernde Umstände vorhanden, so tritt Festungshaft nicht unter zwei Jahren ein.

§ 85. Wer öffentlich vor einer Menschenmenge, oder wer durch Verbreitung oder öffentlichen Anschlag oder öffentliche Ausstellung von Schriften oder anderen Darstellungen zur Ausführung einer nach §. 82. strafbaren Handlung auffordert, wird mit Zuchthaus bis zu zehn Jahren oder Festungshaft von gleicher Dauer bestraft. Sind mildernde Umstände vorhanden, so tritt Festungshaft von Einem bis zu fünf Jahren ein.

Zweiter Abschnitt. Beleidigung des Landesherrn

§ 95. Wer den Kaiser, seinen Landesherrn oder während seines Aufenthalts in einem Bundesstaate dessen Landesherrn beleidigt, wird mit Gefängniß nicht unter zwei Monaten oder mit Festungshaft bis zu fünf Jahren bestraft.

§ 97. Wer ein Mitglied des landesherrlichen Hauses seines Staats oder den Regenten seines Staats … beleidigt, wird mit Gefängniß von Einem Monat bis zu drei Jahren oder mit Festungshaft von gleicher Dauer bestraft.

Sechster Abschnitt. Widerstand gegen die Staatsgewalt.

§ 110. Wer öffentlich vor einer Menschenmenge, oder wer durch Verbreitung oder öffentlichen Anschlag oder öffentliche Ausstellung von Schriften oder anderen Darstellungen zum Ungehorsam gegen Gesetze oder rechtsgültige Verordnungen oder gegen die von der Obrigkeit innerhalb ihrer Zuständigkeit getroffenen Anordnungen auffordert, wird mit Geldstrafe bis zu zweihundert Thalern oder mit Gefängniß bis zu zwei Jahren bestraft.

§ 111. Wer auf die vorbezeichnete Weise zur Begehung einer strafbaren Handlung auffordert, ist gleich dem Anstifter zu bestrafen, wenn die Aufforderung die strafbare Handlung oder einen strafbaren Versuch derselben zur Folge gehabt hat. Ist die Aufforderung ohne Erfolg geblieben, so tritt Geldstrafe bis zu zweihundert Thalern oder Gefängnißstrafe bis zu einem Jahre ein. Die Strafe darf jedoch, der Art oder dem Ma-

ße nach, keine schwerere sein, als die auf die Handlung selbst angedrohte.

Sie sind das Konglomerat aus dem, was Sie sagen, was Sie lesen und was Sie denken, aus den Menschen, mit denen Sie sich umgeben, und aus der Stellung, die Sie im Leben anstreben.

Wohlgemerkt waren die vom Kaiser angedrohten Strafen nicht so streng wie die 1919 von amerikanischen Richtern verhängten. Dabei steht wahrlich schon in der Bibel: Wer zum Schwert greift, der soll durch das Schwert umkommen. Das gilt für Sie und mich als Einzelne genauso wie für Könige, Zaren und Kaiser. Wir können sagen, wie wir selbst enden werden, indem wir uns anschauen, wie wir heute mit unseren Mitmenschen umgehen.

Ich will aber nicht predigen. Sicher haben Sie das schon gehört, doch möglicherweise noch nie ernsthaft darüber nachgedacht, inwiefern es Sie persönlich betrifft. Wer weiß, vielleicht hat der Exkaiser ja denselben Fehler gemacht.

»Denn was der Mensch sät, das wird er ernten.« Vor diesem Gesetz gibt es kein Entkommen. Es gilt im gesamten Universum – für jedermann und überall. Den Gesetzen der Menschen können wir uns manchmal entziehen, doch diesem ewigen Gesetz der Vergeltung *niemals*.

Hinter diesem Gesetz verbirgt sich womöglich der *wahre Grund*, weshalb sich »Ehrlichkeit auszahlt«. Vielleicht können wir uns vormachen, diesem Gesetz zu entrinnen, und möglicherweise gelingt uns das eine Zeit lang sogar, doch am Ende holt es uns ein und zieht uns zur Rechenschaft. Ein bisschen Flunkerei und etwas Erfahrung im Schwindeln kommen einem Menschen zugute. Daraus lernt er unmissverständlich am eigenen Leib, dass Lügen kurze Beine haben.

Die Macht über den Dampf war für die Menschen ein großer Segen, denn sie hat ihnen das Leben leichter gemacht und sie vorangebracht. Ganz anders verhält es sich mit der Macht über den menschlichen Geist. Er lässt sich nur durch eine, einzig wahre Methode steuern, die aus ihm selbst kommt – mithilfe der Bildung.

Bildet die Menschen. Lehrt sie, *warum* und *wozu* es diese ewigen Wahrheiten gibt, die ich hier als Grundsätze in Predigtform darstelle. Erklärt ihnen, *warum* sich »Ehrlichkeit bezahlt macht«, warum es sich lohnt, andere anständig zu behandeln, warum äußerliche Akte der Menschlichkeit genau dem Wesen der Gedanken entsprechen, die den menschlichen Geist beherrschen – und die Menschen werden weniger Herrschaft brauchen. Sie werden lernen, sich *selbst zu beherrschen*, wie es die intelligenteren unter uns bereits heute tun.

Auf den Seiten dieser Zeitschrift haben seit ihrer Gründung im Jahr 1918 genügend wissenschaftliche Erkenntnisse gestanden, um innerhalb einer einzigen Generation den gesamten Entwicklungstrend der Menschheit zu verändern – würde man diese Erkenntnisse systematisch in den öffentlichen Schulen unterrichten. In der Märzausgabe 1920 fanden sich ausreichend solide Anweisungen zur »großen magischen Erfolgsleiter«, um das zwischenmenschliche Verhalten innerhalb einer einzigen Generation so zu verändern, dass man Gefängnisse und Zuchthäuser abreißen oder zu Anstalten für die Behandlung all jener umbauen könnte, die in Unkenntnis dieser Grundsätze aufwuchsen. Damit wollen wir uns keinesfalls selbst beweihräuchern. Es handelt sich dabei lediglich um eine konservative Äußerung einer Möglichkeit, wie wir uns beschämt eingestehen.

VIERZEHNTES KAPITEL

TOLERANZ

Der vierzehnte Hinweis auf der Straße des Erfolgs lautet: *Toleranz*. Es gibt drei Kräfte, die – richtig eingesetzt – das Verhalten der ganzen Welt innerhalb einer einzigen Generation verändern könnten. Eine geeignete Leitfigur mit Organisationstalent, die diese drei Kräfte vereint und erfolgreich harmonisch zum Einsatz bringt, könnte Kriege auf Dauer verbannen und den Menschen beibringen, ihre persönlichen Interessen für das Wohl aller zurückzustellen – und das alles noch zu meinen Lebzeiten.

Sollten wir je einen *erfolgreichen* Völkerbund auf die Beine stellen, sollte er durch und mithilfe dieser drei fantastischen Kräfte geschaffen werden, wenn er von Dauer sein und wirklich dem Zweck dienen soll, für den der zurzeit angedachte Völkerbund vorgesehen war. In der Geschichte haben diese drei Kräfte noch in keiner Hinsicht in Harmonie miteinander gewirkt. Sie haben sich noch nie so organisiert, dass unter ihnen vollständiger Einklang geherrscht hat. Dennoch sind Menschen, die diese drei großen Kräfte besitzen, die Krönung der menschlichen Zivilisation.

Ein Football-Spieler von Weltrang, der weiß, wie wichtig es ist, mit Teamgeist und organisiert mit anderen zusammenzuarbeiten, könnte so eine Leitfigur werden – vorausgesetzt, er wäre ein Mensch, der das Vertrauen und die Kooperation der Führenden in den drei Kräften gewinnen könnte.

Die drei Kräfte sind:

1. die Kirchen dieser Welt
2. die öffentlichen und privaten Schulen
3. die Zeitungen und Zeitschriften

Bedauerlicherweise sind diese drei maßgeblichen Kräfte untereinander uneins, sodass sie kein gemeinsames Ziel oder Bestreben verfolgen.

Die Kirchen sind untereinander gespalten, aber die Lage ist nicht hoffnungslos. Kein Zweifel: Es könnten sich alle Kirchen der Welt zusammentun zu einer konzertierten Aktion, um eine große Bewegung auf den Weg zu bringen, welche die Arbeit jeder einzelnen Kirche ergänzen und gleichzeitig die Grundlage für eine höhere Zivilisation legen würde.

Das Gleiche lässt sich über Zeitungen und Zeitschriften sagen. Die Zeitungsleute haben stets großzügig und bereitwillig zur Unterstützung jeder Initiative beigetragen, die der gesamten Gesellschaft zugutekommt.

Die öffentlichen und privaten Schulen stellen durch ihre pädagogische Rolle den wichtigsten Faktor in diesem Trio maßgeblicher Kräfte dar, *weil Lehrer den Grundsatz, um den es gleich geht, verstehen, und auch, weil Ideale den Menschen am besten in ihrer Jugend vermittelt werden können – in den ersten Schuljahren.*

Man könnte Kindern durch das Zusammenwirken dieser drei maßgeblichen Kräfte ein Ideal so dauerhaft vermitteln, dass es nur auf dieselbe Weise wieder ausgemerzt werden könnte.

Der Mensch ist das Produkt aus zwei Faktoren – seinem physischen Erbgut und der Umwelt, also dem geistigen Erbgut.

Jeder ehrgeizige Werktätige auf der Welt ist potenziell auch ein Arbeitgeber, weil er in die Zukunft schaut und für den Tag

plant, an dem er ein eigenes kleines Unternehmen gründen kann.

Entzieht man unzivilisierten Menschen ihr Kind gleich nach der Geburt, bringt es in einer modernen Familie unter und setzt es dem Einfluss eines kultivierten Umfelds aus, wird es sich ähnlich entwickeln wie die Kinder, in deren Heim es aufwächst. Sein physisches Erbgut bleibt ihm zwar erhalten, doch es wird von Geburt an die Neigungen und die Wesensart der Menschen übernehmen, *zu denen es engen Bezug hat.*

99 Prozent aller Menschen auf der Welt haben bestimmte Ansichten zu Religion, Politik, Wirtschaft und ähnlichen Themen, weil *sie diese von ihren Eltern oder von den Menschen übernommen haben, zu denen sie vor dem Alter von zwölf Jahren die engste Bindung hatten.* Denken Sie darüber nach! Sicher wissen Sie aus eigener Erfahrung, dass diese Aussage zutrifft.

Wenn das so ist, sollte Ihnen klar sein, wie wichtig es ist, sorgfältig auszuwählen, was vor dem Alter von zwölf Jahren den kindlichen Geist erreicht und beeinflusst. Dann muss Ihnen bewusst sein, *wie sich dem Geist dieses Kindes durch systematische Bestrebungen seiner frühesten Erzieher ein Ideal vermitteln und sich sein Geist so nach diesem Ideal formen ließe.*

Hier in Amerika holt uns ein ausgesprochen komplexes Problem ein. Wir sind zum Schmelztiegel der Welt geworden. In Scharen sind Menschen jeder Nationalität, Glaubensrichtung und Veranlagung an unsere Ufer geströmt. Ihr Geist ist bereits geformt und fest gefügt. Ihre Ansichten stehen nicht im Einklang. Wer in Süditalien aufgewachsen ist, hat wenig gemein mit jemandem, der in Amerika aufgezogen wurde. Treffen solche Menschen aufeinander, passen sie nicht zusammen.

Dieser große Schmelztiegel – das Land, wo »Milch und Honig« fließen –, hat aus anderen Ländern überwiegend Menschen der untersten Schichten angezogen – der Klasse, die gewöhnlich so viel wie möglich nehmen und nur zurückgeben möchte, was unbedingt sein muss. Eine Klasse, der es an Kultur und Feingeist mangelt.

Wir können nicht viel tun, um den unruhigen Geist unter den Erwachsenen zur Ruhe zu bringen, *doch wir können für die Assimilation ihres Nachwuchses sorgen,* indem wir ihnen in unseren Schulen, Kirchen und durch unsere Zeitungen und Zeitschriften *das amerikanische Ideal vermitteln*.

Was aber ist unser »amerikanisches Ideal« eigentlich? Offen gestanden: Ich weiß es nicht. Ich weiß, was es früher einmal war, vor hundert Jahren. Doch das Interesse an diesem Ideal ist sichtlich zurückgegangen. Das ursprüngliche amerikanische Ideal hat sich »totgelaufen«, weil wir nicht auf das Prinzip der »sozialen Vererbung« geachtet oder es nicht begriffen haben – die einzige Quelle, aus der ein Ideal gespeist und von einer Generation an die nächste weitergegeben werden kann.

Auf manches, was wir durch dieses Prinzip der sozialen Vererbung überliefert haben, könnten wir gut und gerne verzichten. So wäre es vielleicht besser gewesen, unseren Geist der »Intoleranz« mit früheren Generationen zu beerdigen – doch wir haben ihn noch, und zwar, weil sich niemand aktiv darum bemüht hat, unseren Kindern durch soziale Vererbung das Gegenteil zu vermitteln.

Anstelle des alten amerikanischen Ideals, verkörpert durch Washington, Jefferson, Paine, Franklin und Lincoln, hat sich innerhalb der letzten 50 Jahre ein neues Ideal entwickelt – die wahnsinnige Gier nach Geld. Sie wurde durch soziale Vererbung von einer Generation an die nächste weitergegeben. Heute möchten Menschen lieber Millionär werden als großer Staatsmann. Sie streben nach persönlichem Gewinn statt nach dem Allgemeinwohl, wie es herausragende Persönlichkeiten noch vor wenigen Generationen taten. Wir eifern lieber Rockefeller und Carnegie nach statt Washington und Lincoln.

Man sollte erst nachdenken und dann urteilen. Alles andere weist auf einen Geist hin, der von Ignoranz und Vorurteilen beherrscht wird.

Dennoch versteige ich mich zu der Behauptung, dass es höchste Zeit wird für ein paar neue Washingtons und Lincolns: Menschen, zu denen wir aufschauen können auf der Suche nach selbstlosen Leitfiguren, die ihre persönlichen Interessen dem Allgemeinwohl unterordnen.

Im anstehenden Wahlkampf um das Amt des Präsidenten der Vereinigten Staaten treten acht oder zehn Bewerber an, *von denen kein einziger* über jeden Verdacht von jeglicher Seite erhaben ist, dass sein Interesse an der Präsidentschaft *auf dem Wunsch nach größerer Macht beruhen könnte, nicht auf dem selbstlosen Anliegen, allen Menschen im Land einen Dienst zu erweisen.* Nicht ein einziger der zur Auswahl stehenden Kandidaten erinnert auch nur im Ansatz an einen Washington oder Lincoln.

Doch ich komme von unserem Thema ab. Dass solche Persönlichkeiten Mangelware sind, dem wird jeder zustimmen. Die wichtige Frage ist aber: »Wie können wir die richtigen Kandidaten heranziehen?« Die Antwort lautet: »*Durch das Prinzip der sozialen Vererbung!*« Durch gemeinsame Bemühungen der Kirchen, Schulen und Zeitungen könnten wir *innerhalb einer einzigen Generation* mehr Washingtons, Lincolns und Jeffersons heranzüchten, als wir brauchen.

Doch nicht nur das – wir könnten auch verändern, wie die Welt denkt, und den Wunsch, *zu nehmen,* durch das Anliegen, *zu geben*, ersetzen, die verbreitete Neigung, etwas niederzureißen durch das edlere Bestreben, etwas aufzubauen, den eigensüchtigen Drang nach Selbstverherrlichung durch das noblere Verlangen, die eigenen Interessen für das Wohl aller hintanzustellen.

Die Zeit ist reif für einen runden Tisch aller Kirchen der Welt, aller Zeitungs- und Zeitschriftenverleger und aller Bildungsträger.

Werden diese drei Kräfte über Kontinente hinweg mobilisiert und harmonisch gebündelt, können sie die Welt innerhalb weniger Generationen nach ihren Wünschen gestalten. Bis dahin können diese Kräfte mit der richtigen Propaganda für die erwachsenen Menschen in aller Welt viel Gutes bewirken.

Die Führung des Deutschen Reiches hat der Welt gezeigt, was *innerhalb einer einzigen Generation* durch Anwendung des Prinzips der *sozialen Vererbung* erreicht werden kann. *Diese Lektion dürfen wir nicht vergessen!*

Wir haben die Deutschen auf den Schlachtfeldern Europas geschlagen, doch den Preis dafür umsonst gezahlt, wenn wir auf diese Niederlage nicht einen größeren Sieg hier bei uns zu Hause folgen lassen – durch die *Kraft der sozialen Vererbung*.

Es liegt in der Hand der Kirchen, Schulen und Zeitungen, die Welt zu beherrschen, indem jedem Einzelnen durch das Prinzip der sozialen Vererbung ein neues und höheres Ideal eingeimpft wird. Nehmen diese drei führenden Mächte diese großartige Chance nicht wahr, sind sie dafür verantwortlich, wenn wir in unserem Elend verharren.

Würden Kirchen, Schulen und Zeitungen ihre Kräfte zusammenlegen und der nächsten Generation die Philosophie der Goldenen Regel systematisch *vermitteln*, könnten Kriege – zwischen *Ländern* ebenso wie zwischen *Menschen* – Geschichte sein. Der Wunsch, *zu nehmen* ohne *zu geben,* könnte ausgemerzt werden. Der Hang, selbstsüchtig für den eigenen Profit zu arbeiten, statt persönliche Interessen für das Allgemeinwohl zu opfern, könnte ausgelöscht werden. Dem menschlichen Geist könnte ein für alle Mal die »Mentalität des Bienenstocks« eingeimpft werden.

Auf der Erde ist genug für alle da, doch solange nicht jeder Einzelne eine Leidenschaft entwickelt, seinen schwächeren Artgenossen *zu helfen*, statt sie *auszunutzen*, werden auch weiterhin ein paar wenige mehr haben, als sie brauchen oder verwenden können, während die Mehrheit arm und benachteiligt bleibt. Das kann kein Gesetz und kein Stimmrecht der Welt ändern. Die Veränderung kann nur durch Einsatz des Prinzips der sozialen Vererbung vollzogen werden.

In jedem Bienenstock würden Bienen verhungern, wenn es diesen Geist nicht gäbe, in dem jede Einzelne für das Wohlergehen des ganzen Volkes arbeitet. Im Winter würden sogar alle Bienen in der Beute verhungern, wäre da nicht der Gemeinschaftsgeist, demzufolge der Honig zum Wohle aller gesammelt wird.

Wenn ich sehe, wie der Mensch versucht, die großen wirtschaftlichen Probleme durch Streitgespräche, Diskussionen, die Organisation physischer Kraft, politische Parteien und Ähnliches zu lösen, muss ich unwillkürlich an einen kleinen Hund denkend, der kläffend neben einem fahrenden Zug herläuft und sich einbildet, er könne ihn aufhalten.

Dieselben Leute, die heute gern den Ton in der Wirtschaft angeben würden, Forderungen stellen und die derzeitigen Unternehmenslenker kritisieren und verdammen, stünden in wenigen Wochen vor dem Konkursrichter, überließe man ihnen die Leitung der Betriebe dieses Landes – *weil ihnen Führungskräfte mit betriebswirtschaftlichen Kenntnissen fehlen, vor allem aber, weil sie nicht bereit wären, ihre persönlichen Interessen hinter dem Wohl aller zurückzustellen, und sich deshalb bald untereinander zerstreiten würden.*

Wer tritt als Erster aus den Reihen hervor und wird zu einem großartigen Organisator und Anführer, der nach dem Prinzip der sozialen Vererbung arbeitet? Wer das tut, wird, wenn er echte Führungsqualitäten besitzt, mehr für die Nachwelt bewirken als je ein Mensch in der Geschichte.

Forschen Sie stets sorgfältig nach dem heimlichen Motiv, das den Menschen antreibt, der versucht, ohne Ihre Zustimmung seine Führung Ihnen gegenüber zu festigen.

Kann es nicht sein, dass wir noch mehr Menschen brauchen, die so selbstlos sind und deren Vision groß genug ist, dass sie es sich zur Aufgabe machen, eine gesunde Saat für künftige Generationen auszubringen?

Unsere Ideen zerstreuen sich und brauchen sich auf wie unsere Wälder. Das Feld, in das wir sie wieder einsäen können, ist der menschliche Geist, und der dafür erforderliche Prozess die soziale Vererbung – will heißen, Ideen, die wir in den formbaren Geist unserer Jugend einpflanzen. In nur einer Generation können unsere Ideale bei systematischem Einsatz des Prinzips der sozialen (oder mentalen) Vererbung die von uns angestrebten Höhen erreichen. Wenn es Deutschland gelungen ist, seiner Jugend durch die Kirchen, die Schulen und die Zeitungen in einer einzigen Generation eine »Kultur« aufzuprägen, können wir unserer Jugend die Goldene Regel im gleichen Zeitraum einprägen, denn das Prinzip ist wirksam und leicht anzuwenden. Jeder Lehrer, jeder gute Zeitungsredakteur und jeder Kirchenführer kennt die Kraft, die wir als soziale Vererbung bezeichnen, doch schnelle Ergebnisse wird es erst geben, wenn sie alle vereint und organisiert zusammenarbeiten.

Vielleicht bietet sich das Interchurch World Movement als zentraler Ansatzpunkt zur Organisation dieser drei maßgeblichen Kräfte an. Ist dies der Fall, und steht die richtige Leitfigur zur Verfügung, kann diese Bewegung leicht zur einflussreichsten in der Geschichte der Menschheit werden.

Ich schreibe hier über ein scheinbar gigantisches Unterfangen, das jedoch zu geringeren Kosten vollbracht werden könnte, als sie für den Panamakanal anfielen – und mehr oder minder im gleichen Zeitraum. Lassen Sie es mich in aller Deutlichkeit wiederholen: Die Kirchen, die Schulen und die Zeitungen könnten *innerhalb einer Generation* ein neues Ideal weltweit so fest in den Köpfen der Menschen verankern, dass diese ihre Aktivitäten künftig darauf ausrichten, ihren schwächeren Artgenossen zu helfen –und zwar so selbstverständlich, wie sie sie heute ausnutzen. Dies wäre durch das Prinzip der sozialen Vererbung zu erreichen – indem man dem Geist junger Menschen ein Ideal einpflanzt.

Ich neige zu der Ansicht, dies könnte auch den Schulen allein gelingen. Wirken Schulen und Kirchen zusammen, könnten sie es auf jeden Fall schaffen – doch sicherlich ginge es schneller mithilfe organisierter Propaganda durch Zeitungen und Zeitschriften. Wer Einfluss darauf nimmt, was den Kindern in der Schule beigebracht wird, was ihnen in der Kirche gelehrt wird und was die Presse veröffentlicht, der kann sicher sein, dass diese Einflussnahme innerhalb einer einzigen Generation genau das angestrebte Ideal hervorbringt.

Hier und da laufen komische Gestalten herum, predigen dies und jenes und plädieren für andere Allheilmittel gegen die Übel auf der Welt, doch die wenigsten von ihnen haben auch nur die leiseste Ahnung davon, wie sie ihre vorgeblichen Patentrezepte in die Tat umsetzen können. Sie erinnern an eine Schar Gänse, die kurz vor der Fütterungszeit aufgeregt schnattern und mit den Flügeln schlagen, weil der Bauer spät dran ist mit dem Futter – ohne die entfernteste Idee, wie man ihn dazu bringen könnte, sich zu beeilen.

In diesem ganzen Gerede über den Völkerbund und die unterdrückte Arbeiterklasse wurde nicht eine intelligente Lösung angeboten, weil alle, die diese zu kennen glaubten, irrtümlich davon ausgegangen sind, dass man sie in wenigen Monaten und durch den Geist von Erwachsenen in die Praxis umsetzen könnte.

Wie ich es sehe, sind die Übel der Welt nicht über Nacht entstanden. Ganz im Gegenteil, sie gingen aus vielen Zeitaltern fehlgeleiteter Bestrebungen hervor, und zwar durch eine blinde Anwendung des Prinzips der sozialen Vererbung.

Wer *unbedingt* schlecht über andere reden muss, die ihm missfallen, sollte sich nicht mündlich über sie beklagen, son-

dern schriftlich – und seine Beschwerde möglichst nahe am Wasser in den Sand schreiben.

Hätte ein findiger, weitsichtiger Mensch vor zwei oder drei Generationen eine Bewegung mit dem Ziel ins Leben gerufen, die Arbeit der Kirchen, Schulen und Zeitungen durch eine praktische Nutzung der Goldenen Regel zu ergänzen, wie sie auf die Wirtschaftswelt anzuwenden ist, würden wir heute vermutlich auf einen anderen Lauf der Geschichte zurückblicken. Das wäre möglich gewesen – und ist auch heute noch möglich, und zwar durch das Prinzip der sozialen Vererbung. Wer ein Gegenmittel gegen die Übel der Welt offeriert und erwartet, dass es durch irgendein anderes Prinzip Wirkung zeigt, weiß nicht, wie der menschliche Geist funktioniert.

Man kann eine Wildkatze zähmen, wenn man sie als Jungtier der Mutter wegnimmt, bevor sie die Zeit hat, ihr die Angst vor und die Feindseligkeit gegen Menschen zu vermitteln. Ist das erst geschehen, ist es dafür zu spät. Das gleiche Prinzip greift auch bei dem höher entwickelten Menschen. Sollte er je lernen, sich seinen Mitmenschen gegenüber anständig zu verhalten, ist das nur möglich, weil ihm ein entsprechendes Ideal vermittelt wurde, noch bevor er zwölf Jahre alt war – so viel steht fest.

Daran kann alles Predigen auf der ganzen Welt nichts ändern. Der Mensch fürchtet sich nicht mehr vor Feuer und Schwefel nach dem Tod. Behandelt er schwächere Mitmenschen daher freundlich und reicht ihnen eine helfende Hand, dann nur, weil er das so will. Und er kann so etwas nur wollen, wenn ihm dieser Wunsch als Ideal in seinen Geist eingeimpft wurde, als dieser noch formbar war.

Der menschliche Geist ist das einzige große Mysterium der Welt, das uns alle interessieren sollte, denn er kann bei richtiger Anleitung einen normalen Menschen in ein Genie verwandeln!

Wer auch nur die grundlegendsten Prinzipien der Psychologie kennt, der weiß genau, was mit der Bezeichnung soziale (oder mentale) Vererbung gemeint ist. Er erkennt auch, wie fundiert die Thesen über die Möglichkeiten sind, die der Welt durch die organisierten Bestrebungen von Kirchen, Schulen und Zeitungen offenstehen. Wer sich noch nie näher mit Psychologie befasst hat, sollte sich ein paar gute Bücher zum Thema besorgen (die in einfacher allgemeinverständlicher Sprache verfasst wurden) und sich informieren. Die Auseinandersetzung mit den Grundsätzen des menschlichen Geistes ist der Schlüssel zum Verständnis der einzig wahren Macht auf dieser Erde, die Ihnen helfen kann, Ihr Lebensziel zu erreichen.

Sollte Sie dieser Leitartikel dazu anregen, sich für das Studium der Psychologie zu interessieren, und Sie veranlassen, sich in das Thema einzulesen und beim Lesen darüber nachzudenken, dann ist dies zweifellos gleichbedeutend mit einem wichtigen Wendepunkt in Ihrem Leben.

Um Ihnen die Mühe zu ersparen, ein gutes Buch über Psychologie ausfindig zu machen, zitiere ich folgende Worte von Arthur Brisbane, die im *Chicago Herald-Examiner* zu lesen waren:

»Hier geht es um Ihr Gehirn.

Ein reicher junger Mann erbt ein Auto und weist den Chauffeur an, es vorzufahren. Für die Technik interessiert er sich wenig.

Ein Mann, der das Geld für sein Auto selbst verdient hat, will mehr darüber wissen – es interessiert ihn.

Unser Gehirn haben wir geerbt – wir kommen damit auf die Welt. Nur wenige wissen am Ende ihres Lebens mehr über diese großartige Denkmaschine als am Anfang.

Alles, was Ihre Bedeutung ausmacht, ist die geheimnisvolle Kraft, die durch das Gehirn wirkt. Was da eigentlich am

Werk ist – manche sagen, die Seele, andere, der Wille, wieder andere, eine chemische Reaktion, wie die Materialisten glauben –, können wir nicht wissen. Wir können aber mehr über die Maschine erfahren, die da im Dunkeln unseres Schädels ruht und über bestimmte Nerven Informationen von der Außenwelt erhält und über andere Befehle erteilt, die von Muskeln und Knochen ausgeführt werden.

Lesen Sie neben vielen anderen guten Büchern zum Thema ›Brain and Personality‹ von W. H. Thompson, der sich damit auskennt. Es ist bei Dodd, Mead & Co. erschienen.

Ursprünglich wussten die Menschen nicht, dass Gefühle und Gedanken im Gehirn sitzen. Das Wort ›Gehirn‹ kommt in der Bibel nicht vor. Als sie geschrieben wurde, vermutete keiner, dass das kalte, graue Organ, das da so einsam im Schädel lag, irgendetwas mit unserem Denken zu tun hatte.

Die Babylonier und andere später hielten die Leber für den Sitz der Gedanken. Ihre Priester beschauten eingehend die Lebern geopferter Tiere, um daraus Informationen über die Zukunft zu beziehen.

Die Juden glaubten, die Seele sitze im Herzen, der Geist in den Nieren und die zärtlichen Gefühle, wie Mitleid, im Verdauungstrakt. Deshalb steht auch in der Bibel (Psalm 16:7) ›auch mahnt mich mein Herz des Nachts‹ und an anderer Stelle (Psalm 7:10) ›denn du, gerechter Gott, prüfest Herzen und Nieren‹. Jeremia (Jeremia 11:20) prangerte die Heuchelei an mit den Worten: ›Aber du, HERR Zebaoth, du gerechter Richter, der du Nieren und Herzen prüfst …‹. Aristoteles befand, das Gehirn habe nichts mit dem Denken zu tun, sondern sei eine Klimaanlage zur Kühlung des Blutes.

Nur einer, nämlich Alkmaion, der vor Plato oder Aristoteles gelebt hatte, dachte, der Geist sitze im Gehirn. Diese

Überzeugung stützte er auf die Entdeckung, dass es zu vollständiger Blindheit führte, wenn man den Sehnerv durchtrennte, der von den Augen zum Gehirn führte. Ansonsten wurde diese Theorie verschmäht, bis sie der große Grieche Galen, Leibarzt von Marcus Aurelius, wiederentdeckte und belegte.

Der 1881 verstorbene Wissenschaftler Broca verstand als Erster die menschliche Denkmaschine. Deshalb heißt das Sprachzentrum des Gehirns auch ›Broca-Areal‹. Er verortete die Sprache in hinteren Teil der dritten Stirnhirnwindung. Wird dieser Bereich verletzt, zerstört das die Sprachfähigkeit. Als der Franzose erfolgreich das Gehirn erforschte und erklärte, wie es funktioniert, leistete er damit wichtigere Entdeckungsarbeit als Tausende Pearys, Livingstones oder Stanleys.

Wie Sie zwei Augen, zwei Ohren, zwei Hände und zwei Füße haben, so haben Sie auch zwei Gehirne. Jedes der beiden ist vollständig, eigenständig und kann, wenn nötig, alle Denkfunktionen übernehmen – wie ein Auge im Notfall das Sehen übernehmen kann.«

Geld und Glück, die beiden wichtigen Lebensziele, sind auf Dauer nur durch verdienstvolle Leistungen zu erreichen.

»Bei Rechtshändern ist die linke Gehirnhälfte für die Sprache zuständig, bei Linkshändern die rechte. Wird bei einem kleinen Kind das Sprachzentrum zerstört, kann die andere Gehirnhälfte diese Aufgabe übernehmen. Bei einem 50-Jährigen bedeutet eine Verletzung des Broca-Areals den Verlust der Sprachfähigkeit. Das Gehirn verhärtet mit zunehmendem Alter und kann wie ein alter Hund keine neuen Kunststücke mehr lernen.

Wir kommen ohne Sprachkenntnisse zur Welt. Jedes neue Gehirn muss alles von Grund auf lernen, auch das Sprechen. Und der Unterricht beginnt, wenn ein Baby mit der Hand auf etwas zeigt und ihm gesagt wird, wie der betreffende Gegenstand heißt. Würde man einem Kind die linke Hand festbinden, sodass es nur mit der rechten Hand zeigen könnte, würde sich das Sprachzentrum sicherlich in der linken Gehirnhälfte entwickeln. Würde man dem Kind die rechte Hand festbinden und es zwingen, mit der linken Hand zu zeigen, dann würde es zum Linkshänder, und nur die rechte Gehirnhälfte wäre für die Sprachfähigkeit zuständig.

Sehen, Hören, unsere Freunde erkennen, Schmecken, Riechen, alles, was wir tun, hat im Gehirn seinen bestimmten Platz – wie ein Buch auf dem Regal in der Bibliothek. Ein Gehirnschaden kann dazu führen, dass man die eigene Familie nicht mehr erkennt, obwohl man sie sehen kann. Eine Verletzung einer Hirnregion könnte beispielsweise das Sehvermögen ausschalten, eine Verletzung einer anderen dazu führen, dass Sie kein Geräusch mehr vom anderen unterscheiden können – etwa das Bellen eines Hundes vom Zwitschern eines Vogels. Sie würden die Geräusche zwar wahrnehmen, könnten aber nicht sagen, worum es sich dabei handelt. Würde das Gehirn an einer anderen Stelle geschädigt, würden Sie vielleicht taub werden. Wie der Linkshänder mit der rechten Hirnhälfte spricht, und umgekehrt, so kann er auch Geräusche nur mit der rechten Hirnhälfte wahrnehmen und deuten.

Niemand weiß, wie der Geist funktioniert oder welche Denkprozesse es einer zweibeinigen, an diese Erde gebundenen Kreatur ermöglichen, die Entfernung eines Milliarden Kilometer entfernten Fixsterns wie der Sonne oder das Gewicht dieser Erde genau zu bestimmen.

Einer Theorie zufolge ist der Verstand wie eine Äolsharfe, die Gedanken freigibt, wenn sie von externen Kräften berührt wird – wie die Harfe im Wind. Einer anderen maßgeblichen Theorie zufolge gleicht das Gehirn einer Violine, die – ganz gleich, wie meisterhaft sie gebaut ist – von einem intelligenten Wesen gespielt werden muss, um Musik hervorzubringen.

Niemand weiß, was das Gehirn funktionieren lässt, oder wie oder warum. Im Altertum hieß es, die Erde ruhe auf den Schultern des Riesen Atlas, der auf einer Schildkröte stand. Dabei ließ man es bewenden. Worauf die Schildkröte stand, schien niemanden zu interessieren.

Wir sagen, dass unsere Seh-, Geruchs-, Geschmacks-, Tast- und Hörnerven das Gehirn mit Informationen versorgen. Das Gehirn informiert das Bewusstsein, und das Bewusstsein aktiviert den Willen, der wiederum Befehle an den Körper gibt. Der Wille bleibt dabei ebenso unerklärt wie die Frage, worauf die Schildkröte steht.

Setzt man den Hut eines anderen auf, und er rutscht über die Ohren, ärgert man sich, weil man weiß, dass sich der andere deshalb für geistig überlegen hält. Dabei stimmt das nicht unbedingt.«

Wer schlechte Leistungen erbringt, kann ebenso wenig großzügige Bezahlung erwarten, wie jemand, der Ackersenf sät, Weizen ernten kann.

»Ein normal großes Gehirn funktioniert gewöhnlich besser als ein abnorm kleines. Idioten und Geistesschwache haben in aller Regel kleine Köpfe und leichtere Gehirne als normale Menschen.

Helmholtz, einer der größten Gelehrten der Welt, hatte ein Gehirn, das nur 1275 Gramm wog. 13 in englischen Armen-

häusern Verstorbene hatten Gehirne, die über 1700 Gramm wogen. Das Gehirn von Webster wog nur knapp 1600 Gramm.

Dollinger, gelehrter Student und Erklärer der Theologie, hatte ein Gehirn von 1050 Gramm Gewicht.

Unter den fünf Nationalitäten der Schweden, Bayern, Hessen, Böhmen und Engländer hatten die Engländer im Durchschnitt die leichtesten Gehirne, die Böhmen die schwersten.

Doch Kopfgröße und Hirngewicht entsprechen einander nicht immer. Wie eine Orange kann auch ein Gehirn eine dicke Schale haben. Eine kleine Säge aus dem richtigen Stahl kann einen dicken Eisenstab durchtrennen. Ein kleines Gehirn aus dem richtigen Stoff bringt mehr als Masse.

Die Gehirne von Frauen sind wie ihre Schädel im Schnitt kleiner als die von Männern.

Mit der Zeit ›setzt‹ sich die Substanz, aus der das Gehirn besteht und wird quasi hart wie Beton. Ab einem bestimmten Alter ist ein Mensch nicht mehr in der Lage, seine Meinung zu ändern. Er glaubt, er will es nicht, aber in Wirklichkeit kann er es nicht.

Gebildete Menschen nehmen zwischen 20, 30 und 40 noch leicht neue Ideen auf, doch später nur schwer oder gar nicht mehr. Wird in der Jugend nicht eine Pforte geschaffen, durch die die Wahrheit Eingang findet, kann sie später nicht mehr hineingelangen. Deshalb ist das so wichtig, was herablassend als ›ein bisschen Allgemeinwissen und landläufige Meinung‹ bezeichnet wird. Jedes solche ›bisschen‹ kann das Fenster sein, durch das später das Licht einfallen kann. Ungebildete Menschen nehmen selten noch neue Gedanken an, wenn sie erst einmal 25 sind. In höherem Alter können sie zwar noch hassen, aber nicht mehr richtig denken. Deshalb sind Mobs auch so gefährlich.

Als Harvey behauptete, dass das Blut, vom Herzen gepumpt, durch den Körper zirkuliere, hätte jeder Narr sofort erkennen müssen, dass seine Entdeckung des Blutkreislaufs der Realität entspricht. Doch die heute für uns so offensichtliche Wahrheit wurde damals von allen »großen Ärzten« Europas abgestritten – außer ein paar jungen, die noch keine 40 Jahre alt waren. Der Verstand der anderen war schon zu festem Beton verhärtet.

Voltaire schreibt in seinem Kapitel über Staatsmänner im ›Philosophischen Wörterbuch‹, er schreibe nicht für die zeitgenössischen Staatsmänner, da diese keine Zeit hätten zuzuhören, sondern für junge Menschen, die später einmal Staatsmänner sein würden. Harter Beton lässt sich nicht formen oder umgestalten.

Die Welt der Wissenschaft staunt über die Tatsache, dass wir zwei vollständige Gehirne haben – wie zwei Füße und zwei Hände. Das zweite Gehirn erscheint überflüssig. Dennoch besitzen wir es alle. Es steht bereit, falls das Sprachzentraum durch einen Unfall geschädigt wird, um die Funktionen des Sprechens, des Denkens und der Wahrnehmung zu übernehmen – so sich der Unfall zu einem frühen Zeitpunkt im Leben ereignet.

Die Natur vollbringt ihr großes Werk in sphärischer Form. Die Sonne und die Planeten sind Sphären, das Wasser im Bach oder das Blut in den Adern besteht aus runden Tropfen. Vielleicht gibt es einen guten, später einmal erklärbaren Grund dafür, dass wir ein sphärisches Gehirn mit zwei Hemisphären haben. Möglicherweise nutzen wir irgendwann das eine Gehirn für unsere kleine Denk- und Organisationsarbeit auf der Erde und das andere, um das Universum zu erforschen und zu ergründen. ›Wir wissen nicht, wie wir uns weiterentwickeln.‹«

Warum bekommt ein unfähiger, fauler, unqualifizierter Arbeiter nicht denselben Lohn wie ein qualifizierter, fleißiger und hoch effizienter? Was würden Sie in diesem Fall als Arbeitgeber tun?

»Die beiden Gehirne, die sich in Ihrem Kopf über Ihrer Nase und Ihren Ohren und unter Ihren Haaren in tiefen Falten winden, funktionieren immer besser, solange Sie denken, bauen aber erschreckend schnell ab, wenn Sie das Denken einstellen. Sie werden durch einen Spalt getrennt und auf dem Grund dieses Spalts durch eine faszinierende Brücke zusammengehalten, das Corpus callosum. Dabei handelt es sich um einen Balken aus weißen Fasern, der von einer Gehirnhälfte in die andere führt. Über diese Brücke sollen Informationen von einer Hirnhälfte in die andere übergehen. Wofür das gut ist, ist unklar. Der Mensch kann auch ohne diese Brücke normal leben.

Vielleicht wird irgendwann jemand versuchen, einem jungen Schimpansen anstelle der einen Hälfte seines Gehirns eine Hälfte eines jungen menschlichen Gehirns einzusetzen. Doch seid gewarnt, Ihr Gegner der Vivisektion. Wie Ihr hat auch Euer kleiner Bruder, der Schimpanse, zwei vollständige Gehirne. Und Ihr werdet feststellen, dass es gar nicht leicht ist, das Gehirn eines Schimpansenjungen von dem eines Menschenkindes zu unterscheiden.

Euer Gehirn hat eine Rinde wie ein Baum, den sogenannten Kortex. Darunter befindet sich eine weiße, kalte Substanz, wie das harte Holz in einem Baum. Das Denken findet ausschließlich in der Hirnrinde beziehungsweise dem Kortex statt. Offenbar fließen die Gedanken darin wie die lebensspenden Säfte in der Baumrinde.

So wie unser Sehen, Hören und Erkennen nur in einer Gehirnhälfte stattfindet, so denken wir auch nur in einer Hälfte, nie in beiden gleichzeitig. Ein Unfall in der Kindheit kann darüber entscheiden, welche Gehirnhälfte das ganze Leben lang arbeitet und welche ungenutzt bleibt.

Der Nachweis, dass das Gehirn eines Schimpansen nicht nur jeden Lappen, sondern auch jede Windung des menschlichen Gehirns besitzt, war für die Kurzsichtigen ein gewaltiger Schock. Es gibt darin sogar das ›Broca-Areal‹, obwohl der Affe gar nicht sprechen kann.

Huxley bewies Owen sogar, dass das menschliche Gehirn keine Besonderheit aufweist, die nicht auch das niedrige Gehirn eines Pavians hat. Mit dem Seziermesser lassen sich die Unterschiede, die das Gehirn eines Pavians von dem eines Wissenschaftlers unterscheiden, jedenfalls nicht erklären.

Und doch hat noch kein Tier je ein einziges Wort gesprochen. Zugleich gibt es keine menschliche Rasse, die nicht reden könnte, ganz gleich, wie gering ihre Intelligenz. Jedes Wort, das Sie sagen, um Ihren Gedanken Ausdruck zu verleihen, kommt aus ›einem kleinen Teil grauer Masse, nicht größer als eine Haselnuss‹. Platzt in diesem Areal des Gehirns ein Blutgefäß, werden Sie stumm. Eine leichte Verletzung in diesem Teil des Gehirns kann bewirken, dass Sie Ihre Muttersprache nicht mehr beherrschen, aber vielleicht noch Kenntnisse in Französisch oder einer toten Sprache haben. Das ›Regal‹ im Kopf, auf dem die Muttersprache lag, ist dann womöglich zerstört worden, doch die Regale für Französisch oder Griechisch sind noch vorhanden.

›Ich denke, also bin ich‹, sagt der Wissenschaftler. Warum oder wie wir denken, oder was genau da denkt, und ob ein Gedanke real ist, von uns erfunden oder uns von außen auf-

geprägt wurde, wie ein Foto durch Sonnenlicht auf eine Platte, das wissen wir nicht.

Selbst der Schlaf, der Urlaub des Gehirns, ist für uns ein dunkles Geheimnis. Was passiert, wenn das Gehirn schläft und der Körper ruht? Gehen Verstand, Geist, Bewusstsein – oder was auch immer die Denkmaschine eigentlich ist – dann los, um sich anderswo zu amüsieren, wie ein Chauffeur sein Fahrzeug verlässt, wenn er es für die Nacht in die Garage stellt?

Natürlich gilt: ›Wir schlafen, weil wir müde sind.‹ Ein Teil von uns ist müde, ein anderer nicht. Alles, was Willenskraft erfordert, ermüdet uns. Lässt Sie Ihr Wille arbeiten, laufen oder springen, ermüden Sie und müssen sich ausruhen. Doch ein Teil Ihres Gehirns arbeitet unterbewusst ständig weiter und beschäftigt bestimmte Nerven oder Muskeln hundert Jahre lang (wenn Sie so lange leben) Tag und Nacht ohne Unterlass.

Die Kraft, die Sie für einen einzigen Atemzug aufwenden, indem Sie die Brust- und Bauchmuskeln betätigen, entspricht jener, die erforderlich wäre, um 500 Pfund (227 Kilo) ein Zoll (2,54 Zentimeter) zu heben. Über 30-mal pro Minute arbeiten bestimmte Muskeln also lebenslang mit derselben Kraft, die nötig wäre, um 500 Pfund ein Zoll hochzuhieven – ohne Pause.

Und dieser wundervolle Motor des Herzmuskels – wie kann er ohne Pause durchhalten? Der französische Chirurg Carrel operierte in der Brusthöhle eines Hundes und hielt das schlagende Herz des Tieres in seiner Hand, ohne es zu verletzen. Er sprach von ›der fantastischsten Maschine der Welt‹. Und das ist sie – beim Tier ebenso wie bei uns Menschen. Das Herz schlägt immer weiter, weil eine uns unbekannte Ursache in unserem Gehirn dafür sorgt. Zwei Nerven, die vom unte-

ren Teil Ihres Gehirns, der ›Medulla‹, ins Herz führen, regulieren, wie diese Maschine arbeitet. Stimuliert man einen dieser Nerven mit elektrischem Strom, verdoppelt sich unvermittelt die Geschwindigkeit und Kraft des Herzschlags. Stimuliert man den anderen Nerv, schlägt das Herz langsamer. Stimuliert man ihn zu stark, bleibt das Herz stehen. Durchtrennt man den zweiten Nerv, der zum Herzen führt, rast das Herz wie eine Herde Pferde mit gekappten Zügeln.

Ein Nerv beschleunigt den Herzschlag wie die Peitsche in der Hand des Kutschers, der andere bremst ihn wie die an der Trense befestigten Zügel. Und wie die Herztätigkeit, so wird auch alles andere, was in unserem Körper so ›wunderbar gemacht‹ ist, vom dunklen Kortex des Gehirns gesteuert – die Muskeln und Nerven, die den Blutdruck regulieren, das fantastische System, dass die Körpertemperatur steuert, damit die Temperatur des Blutes zwischen Äquator und Nordpol nicht um den Bruchteil eines Grades abweicht. All diese automatischen Abläufe spüren wir nicht, und wir wissen nichts darüber.

Jeder, der ein Buch über Anatomie oder Psychologie liest, fragt am Ende: ›Worüber habe ich denn nun eigentlich gelesen? Was lebt da in uns, nimmt Fakten wahr, die von den Nerven gemeldet werden, und sendet durch die schwachen Hände und Worte des Menschen Befehle, die das Antlitz der Erde verändern, Berge abtragen und Ozeane vereinen?‹«

Wer mir eine Frage stellt, dich ich nicht so ohne Weiteres beantworten kann, erweist mir einen echten Dienst – weil er mich zum Nachdenken bringt.

»Vor 2400 Jahren sagte der von Chaldäern unterrichtete Demokrit aus Abdera: ›Der Mensch lebt in einer Welt der Illusio-

nen und Täuschungen, die das gemeine Volk für die Realität hält. Um die Wahrheit zu sagen, wissen wir gar nichts.‹

Gelehrte Ärzte und Physiologen unserer Zeit studieren ›Gewebe‹, Nerven und Muskeln und räumen hinsichtlich der uns beherrschenden Macht ebenfalls ein, dass wir ›gar nichts wissen. Nur im Blitzen des Auges offenbart sich der Bewohner‹, die Seele. Doch ist das so? Auch das Auge eines Pferdes scheint zu blitzen, wenn es wiehert und auf den Boden stampft, sobald das Jagdhorn ertönt. Hat es demnach einen geringeren Bewohner?«

Sie haben gerade eine ausgezeichnete und ausgesprochen eingängige Lektion in Psychologie gelesen. Wenn Sie über das Gelesene nachdenken und es verarbeiten, dann wissen Sie mehr über Psychologie – also den menschlichen Geist –, als 99 Prozent aller anderen Menschen auf der Welt. Dann verstehen Sie jetzt, warum ich organisierte Bestrebungen seitens der Kirchen, der Schulen und der Zeitungen empfehle, um jungen Menschen die Philosophie der Goldenen Regel in den Kopf zu setzen, *denn nur dort kann sie sich festsetzen.*

Wenn Sie zu Ende gelesen haben, sollten Sie in eine Bibliothek gehen und *The Science of Power* von Benjamin Kidd (erschienen bei G. P. Putnam's Sons, New York) lesen, und ebenso *Thinking as a Science* von Henry Hazlitt (erschienen bei E. P. Dutton & Company, New York).

Haben Sie diese beiden interessanten Werke gelesen – wofür Sie nur ein paar Stunden benötigen werden –, wissen Sie mehr über den menschlichen Geist als alle anderen Menschen auf der Welt, abgesehen von den wenigen ausgewiesenen Fachleuten für Psychologie. Nebenbei werden Sie zwischen zehn- und zehntausendmal so viel Macht haben, ihr wichtigstes Lebensziel zu erreichen, als vor der Lektüre und *ihrer Betrachtung.*

Ob jemand 25.000 Dollar oder 1500 Dollar im Jahr verdient, richtet sich in erster Linie danach, wie gut er sich mit den Grundsätzen der Psychologie auskennt. Befassen Sie sich mit diesem Thema, und sorgen Sie dafür, dass sich auch die Ihnen nahestehenden Menschen damit auseinandersetzen.

Sie wissen jetzt, worum es geht. Was aber fangen Sie damit an? Wann? Und wie? Wenn Sie dieser Leitartikel zu einem Gedanken inspiriert hat, nähren Sie ihn und setzen Sie ihn um. Erzählen Sie anderen davon, schreiben Sie darüber, und denken Sie darüber nach, denn all das sind geistige Übungen, durch die sich eine Idee weiterentwickelt, bis Sie sie verinnerlicht haben und dann so frei und geschickt einsetzen können wie Ihre rechte Hand. Dabei wird Sie Ihnen zu Ergebnissen verhelfen, die mit einer Million rechter Hände nicht zu erzielen wären. Sie wird Ihnen beibringen, richtig zu überlegen und logisch zu argumentieren. Sie wird Sie anleiten, der Mensch zu werden, der Sie schon immer sein wollten.

Mein konkretes Lebensziel:

Prinzipien wichtiger zu nehmen als Geld und die Menschheit wichtiger als den selbstsüchtigen Einzelnen, der nehmen will, ohne zu geben – und meinen Mitmenschen zu helfen, dasselbe zu tun.

Die Saat der Revolution in die Herzen meiner Mitmenschen zu säen, bis sie sich erheben und gemeinsam auf das kollektive Ziel hinarbeiten, dass die Zivilisation mehr zu bieten hat als das Privileg, sich in der trostlosen Tretmühle der Arbeit und der Gesellschaft abzuplagen, stets in der Angst, zu verhungern.

Intoleranz zu überwinden und anderen dabei zu helfen.

Ein konstruktives Bildungsprogramm auf die Beine zu stellen, das die Menschen die Vorteile der Zusammenarbeit und die Nachteile des gegenseitigen Bekämpfens erkennen lässt in ihrem wahnsinnigen Eifer, am Schrein des Mammons zu huldigen.

Eine Kette von Zeitungen zu organisieren, die sich wie ein Netz über Amerika ausbreiten und deren Seiten nur saubere, konstruktive, wahrheitsgetreue Meldungen bringen und deren Leitartikel Millionen von Menschen berühren und inspirieren, bis sie sich aus dem ewigen Trott der Erwerbsarbeit und aus der Knechtschaft der Profitmacher befreien.

Qualitativ und quantitativ mehr zu leisten, als das, wofür man bezahlt wird, und anderen zu der Erkenntnis zu verhelfen, welche Vorteile dies bringt.

Sich von Vorurteilen freizumachen und allen zu helfen, ungeachtet ihrer religiösen, politischen, ethnischen oder wirtschaftlichen Zugehörigkeit.

Auf Schritt und Tritt Sonnenschein zu säen und dabei stets zu versuchen, bei anderen gut anzukommen.

Nie zu vergessen, dass ich im Dienst der Allgemeinheit stehe, und dass es für einen Menschen die größte Ehre ist, wenn er anderen gute Dienste leistet.

Das Vertrauen meiner Mitmenschen zu gewinnen, indem ich es mir zunächst verdiene und mich dann stets so verhalte, dass ich es nie enttäusche oder verrate.

Und schließlich die Aufgaben anzunehmen, vor die mich das Leben stellt, stets bereit zu dienen, und mich nie zu drücken. Stets zu helfen und nie die Räder des Fortschritts zu behindern, wenn sie auf das Ziel zurollen, das jeder Mensch anstrebt – *irdisches Glück.*

FÜNFZEHNTES KAPITEL

DIE ANWENDUNG DER GOLDENEN REGELN

Auf dem fünfzehnten Wegweiser an der Straße des Erfolgs steht: *die Anwendung der Goldenen Regeln*.

Dazu zunächst ein Professor von der Harvard-Universität mit einem Brief, der unsere Leitartikelschreibmaschine in Gang gesetzt hat. Wir drucken sowohl das Schreiben als auch unsere Antwort darauf ab, damit sich unsere Leser ihre eigenen Gedanken über das angesprochene Thema machen können.

»Mein lieber Herr Hill,

ich lese Ihre Zeitschrift, seit sie vor vier Jahren zum ersten Mal erschienen ist, und befasse mich Monat für Monat mit anhaltendem und zunehmendem Interesse mit Ihrer Philosophie.

Es war ausgesprochen erhellend, zu verfolgen, wie sich Ihre eigene Logik entwickelt hat, seit Sie damit begonnen haben, Ihre erbaulichen Essays zu verfassen. Ich habe allen Grund zu der Annahme, dass Sie mehr bewirkt haben, als Ihnen bewusst sein dürfte. Was mich jedoch enttäuscht: Augenscheinlich haben Sie bisher nicht erkannt, dass die Gol-

dene Regel allein nicht ausreicht, um einen Menschen zum Erfolg zu führen.

Wenn Sie darüber nachdenken, wird Ihnen sicher offenbar werden, dass ein Mensch inmitten des Überflusses ohne Weiteres verhungern könnte, obwohl er die Goldene Regel bei allen seinen Transaktionen mit anderen anwendet.

Verzeihen Sie mir diesen Einwand, doch ich weiß aus Ihrem literarischen Werk, dass Sie ein Mensch sind, der Anregungen begrüßt – selbst wenn sie nicht unbedingt seinem eigenen Standpunkt entsprechen.

Herzlichst, …«

Vorstehender Brief war für uns ein ziemlicher Schock. War es möglich, dass ein Professor aus Harvard seit vier Jahren las, was wir schrieben, ohne es korrekt zu interpretieren? Zweifellos, und das hatten wir uns selbst zuzuschreiben. Bisher zumindest, denn von heute an geben wir den Schwarzen Peter weiter, indem wir unverblümt sagen: Wenn ein Harvard-Professor oder sonst irgendjemand, der diese Zeilen liest, nicht erkennt, wie wir den Bezug der Goldenen Regel zum Erfolg betrachten, ist das nicht unsere Schuld – denn wir sind da ganz offen.

Zunächst weisen wir zurück, je behauptet zu haben, dass die Goldene Regel allein ausreicht, um einen Menschen zum Erfolg zu führen – denn wir wissen seit vielen Jahren, dass dies so nicht zutrifft. Unserer Ansicht nach gibt es viele Faktoren, die zum Erfolg beitragen, nicht zuletzt die Definition des Begriffs *Erfolg* als solche.

Nehmen wir zur Veranschaulichung an, Erfolg bestehe darin, sich mehr Geld zu beschaffen, als man zum Leben braucht. Geld beschafft man, wenn man Macht ausübt. Und ich sage ganz bewusst »beschaffen« – im Unterschied zu »erben«. Macht wiederum erhält man durch organisierte Bemühungen – oder gar nicht. Wer durch organisiertes Bemühen Macht erwirbt, der bringt viele Faktoren zusammen und vermengt sie im richtigen Verhältnis. Das Ergebnis dieser Mischung bildet dann die Grundlage für einen durchdachten Plan. Dieser Plan sieht für jeden anders aus, je nach der Stellung oder dem Ziel, die oder das derjenige dadurch im Leben erreichen will.

Es gibt 15 Faktoren, aus denen sich Macht entwickeln lässt, und wir haben sie in den Spalten dieser Zeitschrift schon etliche Male erwähnt – und aus jedem denkbaren Blickwinkel und Standpunkt beleuchtet, weil uns klar ist, dass wir unsere Prämisse nur auf diese Weise allen Menschen vermitteln können, ganz gleich, wie gut es um ihre persönliche Interpretationsfähigkeit bestellt ist.

Es kann sicher nicht schaden, diese 15 Faktoren noch einmal zu erwähnen. Ebenso wenig wird es abträglich sein, zu wiederholen, dass sich aus der richtigen Mischung dieser 15 Faktoren Macht entwickeln lässt.

Der erste Faktor ist ein *konkretes* Lebensziel. Danach folgen die übrigen 14 – Selbstvertrauen, Eigeninitiative, Fantasie, Aktivität, Begeisterung, Selbstbeherrschung, die Gewohnheit, mehr zu leisten, als das, wofür man bezahlt wird, ein sympathisches Wesen, Klarheit im Denken, Konzentration, Durchhaltevermögen, aus Missgriffen und Fehlern zu lernen, Toleranz und nicht zuletzt die Anwendung der Goldenen Regel.

Dass die Goldene Regel alleine ausreicht, haben wir nie gesagt. Sie steht am Ende der Liste, doch wir äußern an dieser Stelle – wie schon so viele Male zuvor, auf unterschiedliche Art und Weise – dass *keine Stellung im Leben und kein Erfolg von Dauer ist, wenn die Grundlage dafür nicht Wahrheit und Gerechtigkeit ist.* Genauso gut könnten wir sagen, Erfolg bleibe nicht erhalten, wenn er nicht durch die Anwendung der Goldenen Regel herbeigeführt wurde.

Vermögen liegt in den Händen derjenigen, die so intelligent sind, es sich zu verschaffen und es zu erhalten. Daran ist nicht zu rütteln.

Das Gesetz des Überlebens des Stärkeren gilt – und wird immer gelten. Wer Darwin kennt, weiß von diesem Gesetz und wie es funktioniert. Die Natur erschafft eine gewaltige Zahl von Feldmäusen, und die meisten landen im Magen des Habichts, der Eule, des Wiesels oder einer anderen »stärkeren« Kreatur. »*Stärker*« heißt wohlgemerkt nicht »*gerecht*«. Vielleicht ist die Feldmaus, die zu Eulenfutter wird, genauso »*gerecht*« wie die, die entkommt und sich zum Erhalt ihrer Art fortpflanzt, doch sie ist nicht »*stärker*« – will heißen, sie ist nicht so gut organisiert und schafft es nicht, ebenso zu überleben.

In jeder Tierart, die menschliche Rasse eingeschlossen, gibt es »Stärkere« mit besseren Überlebenschancen.

Nie zuvor in der Geschichte hat es für einen Menschen, der bereit ist, erst einen Einsatz zu bringen, bevor er eine Belohnung erwartet, mehr Chancen gegeben.

Ein Mensch, der sich gut zu organisieren und seine Anstrengungen klug zu lenken weiß, kann so viel Geld verdienen, wie er sich nur vorstellen kann – nichts auf der Welt kann ihn daran hindern. Ob ihn das glücklich und erfolgreich macht, steht auf einem anderen Blatt. Zum Erfolg nach unserem Verständnis gehört auch Glück. Es besteht aber kein Zweifel, dass Menschen Geld scheffeln können, ohne die Goldene Regel anzuwenden – oder mit dem Geld später glücklich zu sein.

Die 15 aufgeführten Faktoren sehen vor, organisierte Bemühungen oder Macht so einzusetzen, dass sie zu *wahrem Erfolg* führen – von der Sorte, die mit Glück einhergeht. Den meisten Menschen stehen diese 15 Faktoren zumindest teilweise bereits zur Verfügung. Sie brauchen nur noch diejenigen, die bisher nicht Gegenstand ihrer Lebensplanung waren. Jemand, der über die ersten 14 Faktoren verfügt, seine Anstrengungen aber nicht vom 15. Faktor leiten lässt, kann nicht auf Dauer erfolgreich sein. Durch die richtige Mischung der ersten 14 Faktoren könnte Macht entwickelt werden, doch diese könnte statt zum Erfolg in den Untergang führen, wenn sie sich nicht nach dem Prinzip der Goldenen Regel richtet.

Dadurch sollte unser Standpunkt bezüglich des Zusammenhangs zwischen der Goldenen Regel und dem Erfolg deutlich geworden sein, denn klarer können wir nicht ausdrücken, was wir meinen.

Die *meisten* großen Leistungen wurden nicht kampflos vollbracht. Die Pläne der Natur sehen vor, dass jedes Lebewesen kämpfen muss, um voranzukommen. Dieser notwendige Kampf ist oftmals unerfreulich, und die meisten von uns würden sich gern davor schützen, wenn sie wüssten, wie.

Doch je mehr wir kämpfen, desto mehr lernen wir. Die Natur pflanzt uns Anliegen in unsere Herzen und umgibt das Ziel unseres Strebens dann mit vielen Hindernissen, die wir überwinden müssen, um es zu erreichen. Wir erleben nie, dass der Plan der Natur vorsieht, etwas umsonst zu bekommen. Sie lässt uns um alles kämpfen, was wir erhalten – und fordert den Preis dafür.

Eines der tief verwurzelten Anliegen des menschlichen Herzens ist es, Reichtümer zu besitzen. Ein Mensch, der nicht vom Streben nach Reichtum angetrieben wird, ist die Ausnahme. Da dieses Anliegen so verbreitet ist, müssen wir davon ausgehen, dass es die Natur dem Menschen eingegeben hat, um ihn zum Kampf zu motivieren.

Ob wir alles bekommen, worum wir auf dieser Welt kämpfen, oder nicht – wir sollten uns mit dem Gedanken trösten, dass wir zumindest das Privileg genossen haben, zu kämpfen – und dass wir aus diesem Kampf etwas gelernt haben, was den Plänen der Natur zu einem späteren Zeitpunkt Vorschub leisten kann.

Sobald wir aufhören zu kämpfen, verkümmern wir und sterben schließlich. Die Natur sagt: »Wachse weiter oder räume das Feld.«

Wir können aber nicht wachsen, ohne zu kämpfen. Das sollte uns trösten, wenn es im Kampf hart auf hart kommt – denn aus hartem Kampf folgt rasches Wachstum.

Wer seinen Humor verliert, kann sich gleich als Fahrstuhlführer verdingen, denn in seinem Leben wird es immer ein *Auf* und *Ab* geben.

ANGST ist ein gravierendes Hindernis. Zu den gefährlichsten, bedrückendsten Ängsten gehört die vor der Meinung der anderen. Glatzköpfige Männer könnten ihre Haarpracht retten, wenn sie keine Angst hätten, auf einen Hut zu verzichten, denn das enge Hutband schnürt die Nervenbahnen zur Versorgung der Haarwurzeln ab. Doch die Angst davor, »was die anderen sagen könnten«, hält sie davon ab, ohne Hut zu gehen.

Vor Kurzem haben wir einen Mann des öffentlichen Lebens gefragt, was für ihn der wirkliche Grund für die vielen Streiks sei. Er gab uns Auskunft – allerdings nicht ohne uns vorher zu bitten, seinen Namen nicht zu erwähnen. Auch er befürchtete das, »was die anderen sagen würden«, wenn er seine ehrliche Meinung über die Arbeitskämpfe äußert. Durch diese nicht näher definierten imaginären »anderen« hat sich schon so manches Genie in seinem eigenen Kopf einsperren lassen – aus Angst, offen zu handeln und zu sprechen.

Was macht es aus, wenn sich die Leute kritisch über Sie äußern? Was soll's? Kritik kann jeder Narr üben – und *viele Narren tun es.* Dabei schadet sie nur dem, der sie äußert, denn sie offenbart, was er für ein Mensch ist.

Menschen, die analysieren und nachdenken, üben selten offene Kritik. Menschen, die kühn anpacken, was sie für richtig halten, auch wenn es nicht der gängigen Meinung entspricht, besitzen Charakterstärke. *Ich fürchte* und *unmöglich* sind Fremdwörter für sie.

Ich habe kürzlich mit einem solchen Denker gesprochen. Er hat mich nicht bekniet, seinen Namen zu verschweigen. Als ich ihn zu seiner Ansicht über die derzeitige Arbeitssituation befragte, antwortete er ohne Umschweife: »Sollte die Arbeitnehmerseite alle ihre Forderungen durchsetzen, was nicht der Fall sein wird, könnten wir genauso gut nach Russland gehen, wo man gar nicht erst so tut, als dürften die Menschen in Freiheit leben. Die aktuellen Probleme zwischen Kapital und Arbeit sind eindeutig und leicht zu umreißen. Das Kapital kämpft für das Recht der Menschen, sich ihren Arbeitsplatz und ihren Arbeitgeber frei zu wählen und über die Rahmenbedingungen zu bestimmen. Die Arbeiterbewegung kämpft, um all jene vom Arbeitsmarkt auszuschließen, die den selbsternannten Arbeiterführern keinen Tribut zollen. Sollte die Arbeitnehmerseite gewinnen, würde dies das Grundprinzip, auf das sich die Unabhängigkeitserklärung stützt, wegfegen. Wir dürften uns dann nicht länger mit Fug und Recht rühmen, das freieste Land der Welt zu sein.«

Alles klar? Ob wir seine Meinung teilen oder nicht – wir haben größte Hochachtung vor dem Mann, der den Mut zu diesen offenen Worten hatte. Richtig ist richtig, falsch ist falsch. Wer sich nicht traut, die Dinge beim Namen zu nennen, hat weder Anspruch auf die positiven Effekte des Richtigen noch ist er vor den Effekten des Falschen gefeit.

Ob wir seine Meinung teilen oder nicht – wir haben Respekt vor dem Mann, der auf eigenen Füßen steht, der Welt unerschütterlich direkt ins Gesicht sieht und sagt, was er denkt.

Vor der Schreibmaschine, auf der diese Zeilen getippt werden, hängt ein großes Schild mit der Aufschrift: »*Ich werde jeden Tag erfolgreicher – in jeder Hinsicht!*«

Ein mit »allen Wassern gewaschener«, uns wohlgesonnener Besucher wurde einst für wenige Minuten ins Allerheiligste vorgelassen. Sobald sein Blick auf dieses Schild fiel, rief er aus: »Das glauben Sie doch nicht wirklich, oder?« Ich erwiderte: »Natürlich nicht!

Schließlich hat es mir bisher nicht mehr gebracht, als mich aus der Kohlegrube an einen Ort zu befördern, an dem ich mehr als 100.000 Menschen weiterhelfen kann, indem ich diesen positiven Gedanken weitergebe, der aus diesem Spruch hervorgeht. Warum sollte ich wohl daran glauben?«

Im Aufbruch lenkte er ein: »Na ja, vielleicht ist an dieser Philosophie ja doch etwas dran. Ich hatte immer Angst, mein Leben lang ein Versager zu bleiben – und bisher haben sich meine Befürchtungen in jeder Hinsicht bewahrheitet.«

Sie verurteilen sich selbst zu Armut, Elend und Misserfolg – oder Sie treiben sich zur Höchstleistung an, und zwar *allein durch Ihre Gedanken*. Wenn Sie von sich Erfolg *verlangen* und entsprechend energisch handeln, werden Sie auch Erfolg haben. Es ist aber ein Unterschied, ob Sie Erfolg *verlangen* oder sich ihn nur wünschen. Worin dieser Unterschied besteht, müssen Sie schon selbst herausfinden – und für sich nutzen.

Wenn Sie sich nicht so mutig fühlen wie der Autor dieser Zeilen, versuchen Sie es doch über mehrere Wochen mit folgendem Experiment: Sagen Sie sich in jedem freien Moment: »*Ich werde jeden Tag erfolgreicher – in jeder Hinsicht.*« Schreiben Sie sich diesen Spruch auf eine Karte, und tragen Sie diese bei sich. Wenn Sie sich diese Worte vorsagen, dann mit der positiven Bestätigung, dass sie wahr werden. Lassen Sie sich nicht davon abbringen. Tun Sie es aber nicht halbherzig in dem Gefühl, ein »albernes Experiment« durchzuführen, das eher keine Ergebnisse bringen wird.

Sie wissen ja, in der Bibel steht, das Himmelreich sei wie ein Senfkorn. Gehen Sie wenigstens mit so viel Überzeugung an die Sache heran – wenn es geht, mit etwas mehr. Machen Sie sich keine Gedanken darum, was »die anderen sagen« oder »von Ihnen halten«, denn »die anderen« wissen ja nichts von Ihrem Experiment. Wenn Sie mit der Beharrlichkeit an die Sache herangehen, die vom Glauben herrührt, werden Sie schon bald so mächtig und in der Lage sein, Ihre eigenen Probleme zu lösen, sodass es Ihnen ganz gleich ist, was »die anderen sagen«.

Haben Sie 100 Dollar übrig, kaufen Sie sich davon einen neuen Anzug, in dem Sie aussehen, als hätten Sie es geschafft. Gleich und gleich gesellt sich gern.

Oh, Ihr Kleingläubigen! Merkt auf und behauptet Euch. Auch Ihr tragt den »Geist« in Euch, in eurem Kopf – und damit alle erforderliche Macht, um alles zu bekommen, was Ihr braucht. Und die einfachste Methode, anderen zu vermitteln, wie man diese Macht nutzt, besteht darin, Euch selbst zu sagen, dass Ihr *an Euch glauben sollt.*

Ich kenne einen Mann von 50 Jahren, der so vielseitig begabt ist wie kein anderer in meinem Bekanntenkreis. Er kennt die Weltgeschichte von A bis Z. Er ist von kräftiger Statur und tritt eindrucksvoll auf. Er hat eine herrliche, melodische Stimme, die jeder gern hört. Er ist ein sympathischer Mensch. Die Leute mögen ihn und vertrauen ihm. Er hat in ganz Amerika Tausende von Freunden. Vor allem aber erfreut er sich guter Gesundheit und hat noch mindestens 40 Jahre zu leben. Doch trotz all dieser Vorzüge kommt der arme Tropf nicht voran – *weil er sich der Macht, die er besitzt, nicht bewusst ist.*

Dafür gäbe es vielleicht eine Entschuldigung, wenn er nicht so ein versierter Philosoph wäre und genau um den Zusammenhang zwischen *Ursache* und *Wirkung* wüsste – beziehungsweise um den Zusammenhang zwischen *Wirkung* und *Ursache.* Es gibt nichts, womit das amerikanische Volk beschenkt wurde, was er nicht haben könnte – wenn er nur das Selbstvertrauen hätte, mehr von sich zu *verlangen.*

Der Mensch, von dem hier die Rede ist, erinnert an ein Pferd, das von einem Mann gezäumt, gesattelt und angeschirrt wurde, der nur über ein Zehntel seiner Köperkraft verfügt. Könnte das Pferd denken und wäre sich seiner Stärke bewusst, könnte es niemand jemals wieder anschirren. Das Gleiche gilt für den Mann, um den es hier geht. Er hat die Kraft, und zwar nicht nur die körperliche, sondern die Kraft aller Kräfte – den Geist. Doch er weiß das nicht, und so trottet er langsam die staubige Straße zu Misserfolg und Niedergang hinunter.

»Lerne dich kennen, Mensch! Lerne dich kennen.« Dazu fordern uns die Philosophen schon seit jeher auf. Wer sich selbst kennt, der weiß, dass es nicht albern ist, sich an seinem Arbeitsplatz den Spruch aufzuhängen: *»Ich werde jeden Tag erfolgreicher – in jeder Hinsicht.«* Solange man sich selbst nicht wirklich kennt, sagt ein solcher Hinweis nicht viel – außer dass der Mann, der ihn aufstellt, ein Exzentriker ist.

Wer nicht so gerne am eigenen Leib experimentiert, kann es mit folgendem Experiment an anderen probieren: Suchen Sie sich einen eher mittelmäßigen Menschen ohne besonderen Ehrgeiz aus, und geben Sie ihm vermehrt zu verstehen, dass sich seine Leistungen zu verbessern scheinen und dass er offenbar Ehrgeiz und Selbstvertrauen entwickelt. Prophezeien Sie ihm eine großartige Karriere. Tun Sie das bei jeder Begegnung, und beobachten Sie, was passiert. Schon bald werden Ihre Impulse Eingang in sein Unterbewusstsein finden. Er strengt sich an, und noch bevor ihm das richtig bewusst wird, wird er Ihre Suggestion in Autosuggestion umwandeln, sich entsprechend verhalten und der Mensch werden, dessen Bild Sie ihm vermittelt haben.

Es kommt vor, dass eine beiläufige Bemerkung, die im richtigen Moment auf einen aufnahmebereiten, fruchtbaren Geist trifft, den Werdegang eines Menschen komplett verändert. Uns ist ein solcher Fall bekannt – aus der Schreibmaschinenbranche. Der Betreffende behauptete eines Tages vollmundig, jeden Käufer und jede Stenotypistin persönlich zu kennen, der beziehungsweise die mit einer über sein Büro vertriebenen Schreibmaschine arbeitet. Er war darauf sichtlich stolz. Ein einfacher Stenotypist, der das mitbekam, fragte daraufhin: »Begrenzt das nicht Ihr Potenzial, wenn Sie all diese unnützen Informationen in Ihrem Kopf herumtragen?«

Diese Frage verärgerte unseren Mann – Gott sei Dank! Mit welchem Recht stellte ein bescheidener Stenotypist ihm, einem erfolgreichen Mann mit Einfluss, eine solche Frage? Doch der Ärger wich bald der Erkenntnis. Er dachte über die Bemerkung nach, und je mehr er überlegte, desto klarer erkannte er, was der Stenotypist gemeint hatte. Da änderte er von einem Tag auf den anderen seine Strategie und überließ sämtliche geschäftlichen Details seinen Untergebenen. Heute ist er ein reicher Mann, der sich mit 42 Jahren aus dem aktiven Geschäft zurückgezogen und reichlich Geld auf der Bank liegen hat. Um sein Unternehmen kümmern sich vertrauenswürdige Manager, sodass sich sein Vermögen weiter mehrt.

Die wichtigsten Wendepunkte im Leben sind gewöhnlich die Folge einer einfachen Bemerkung oder Begebenheit, die zunächst wenig bedeutsam erscheint.

Grundsätzlich ist alles gut für uns, was uns aufweckt und veranlasst, unsere Philosophie zu überprüfen und ihre Schwachstellen auszubessern. Der Geist verkümmert schnell und wird faul und inaktiv, wenn wir die Dinge schleifen lassen und verhindern, dass er aus seiner täglichen Routine gerissen wird.

Es mag Abkürzungen zum Erfolg geben, doch so mancher müde Reisende bleibt im Morast stecken, wenn er sie wählt.

Oftmals ist es der Tod eines Angehörigen oder ein anderes schlimmes Erlebnis, was Menschen zum Umdenken veranlasst und den Geist in neue, effizientere Kanäle lenkt. So gut wie jeder Misserfolg dient dem Geist als Elixier, das den gesamten Geistesapparat in Schwung bringen kann, wenn man es zulässt.

Ich habe Gott sei Dank nicht viele Feinde. Doch Feinde arbeiten rund um die Uhr für uns, ohne es zu wissen. Sie arbeiten für uns, weil wir aufpassen müssen, damit sie keine Möglichkeit haben, uns auszuschalten und unsere Pläne zu torpedieren.

Hassen wir unsere Feinde? Nein! Früher war das so, doch seit wir wissen, wie wertvoll sie für uns sind, nicht mehr. Wir lieben unsere Feinde nicht, so weit sind wir noch nicht, doch wir versuchen auch nicht, sie abzuwimmeln oder ihre Bemühungen zu vereiteln, denn das wäre so verrückt, als würde ein Landwirt versuchen, alles Unkraut auf seinem Land zu vernichten und dem Boden so die Stoffe entziehen, die ihn düngen und von Jahr zu Jahr lebendig erhalten.

Das elfte Gebot lautet: »Wähle deine Droge mit Bedacht, denn sie könnte deine Lebenszeit verkürzen.«

Jeder erfolgreiche Mensch hat notgedrungen Feinde. Zeigen Sie uns einen Menschen, der keine Feinde hat, und wir zeigen Ihnen einen, dem es am nötigen Selbstvertrauen, Mut und an der Persönlichkeit mangelt, sich aus der breiten Masse herauszuheben, die sich vom Zeitgeist und von den Ereignissen treiben lässt. Feinde gehören zum Wertvollsten, was ein Mensch haben kann, der sie philosophisch betrachtet und sich des Dienstes bewusst ist, den sie ihm unwissentlich und unbeabsichtigt erweisen.

Ist das nicht ein tröstlicher Gedanke für alle, die sich Sorgen machen, weil sie nicht überall gut ankommen? Es ist Ihr Gedanke. Verinnerlichen Sie ihn, und machen Sie ihn sich zunutze. Aus keinem anderen Grund geben wir ihn weiter.

Gestern Abend griff ich zu Emersons Essays und las den über »spirituelle Gesetze«. Da passierte etwas Eigenartiges: Ich las aus diesem Aufsatz, den ich schon viele Male gelesen hatte, auf einmal Dinge heraus, die mir zuvor nie aufgefallen waren. Mit gezücktem Bleistift las ich mit wachsender Begeisterung, als läse ich den Text zum ersten Mal. Es war so seltsam, dass ich innehielt und die Erfahrung analysierte. Ich stellte fest, dass ich bisher bei der Lektüre nur das bemerkt hatte, *was ich jeweils interpretieren konnte*. Diesmal las ich aus denselben Worten mehr heraus, weil sich mein Geist seit der letzten Lektüre weiterentwickelt und es mir ermöglicht hatte, mehr zu begreifen.

Der menschliche Geist entfaltet sich ständig, wie die Blütenblätter einer Blume – bis er das höchste Entwicklungsstadium erreicht hat. Wann dieses eintritt, wo es endet, und wohin es führt, unterscheidet sich von Mensch zu Mensch und danach, wie der Geist eingesetzt wird. Ein Geist, der jeden Tag gezwungen oder dazu gebracht wird, analytisch zu denken, entwickelt sich offenbar immer weiter und entfaltet dabei immer mehr Interpretationskraft – ohne Ende.

Ich bin davon überzeugt, dass ein Geist frühestens im Alter zwischen 50 und 60 Jahren den Höhepunkt seiner Leistungsfähigkeit erreichen kann. Stimmt diese Theorie, erscheint es ausgesprochen unklug, sich eine nette ruhige Grabstätte auszusuchen und sich auf das Sterben vorzubereiten, wenn man mit 50 oder 60 erst die fruchtbarste Lebensphase erreicht.

Letzte Nacht hat es die Göttin der Träume gut mit mir gemeint. Sie sagte: »Erhebe dich, Sterblicher, und äußere einen Wunsch – nur einen. Er soll sofort in Erfüllung gehen.«

Ich zögerte. Da sprach der Traumengel erneut und fragte: »Was soll es sein: Geld, Macht, Ruhm, Gesundheit, Freunde?«

Da entgegnete ich: »Nein, Traumengel, nichts davon! *Gib mir lieber ein verständiges Herz*, dann kommt alles andere von allein.«

Und jetzt, aus der nüchternen Perspektive meiner wachen Stunden heraus, wiederhole ich, dass ich nichts haben will außer dem Vermögen, zu verstehen, was um mich herum vorgeht. Kein Mensch braucht mehr als ein verständiges Herz, denn alles andere, was er benötigt, kommt dann von allein.

Das sollten auch die Wirtschaftsfachleute bedenken: Bevor es ein System mit gleicher Wohlstandsverteilung geben kann, muss es ein System mit gleicher Intelligenzverteilung geben. Intelligenz, ein »verständiges Herz«, ist die Kraft, die über alles Materielle auf der Welt herrscht. Dieses Gesetz gilt ebenso unveränderlich wie das Gesetz der Schwerkraft, das besagt, dass das Wasser niemals von alleine bergauf fließen kann.

Mehren Sie Ihr Wissen. Eignen Sie sich die Fähigkeit an, zu verstehen und richtig zu interpretieren, was um Sie herum vorgeht. Dann können Sie alles haben, was Sie wollen. Die Intelligenz regiert diese Welt. Sichern Sie sich Ihren Anteil schnellstmöglich.

Thomas Edison wurde nicht deshalb zum größten Erfinder der Welt, weil er mehr Grips hat als andere, die nicht so viel erreicht haben, sondern weil er ein »verständiges Herz« entwickelte. Edison lebt nah an der Natur. Er hört, was sie ihm zuraunt, wenn Menschen mit besserem Hörvermögen nichts wahrnehmen. Edison hat nichts vollbracht, was nicht jedem anderen Menschen gelingen könnte, der sich die Fähigkeit aneignet, das Gesetz der Natur so zu interpretieren wie Edison. Diese Fähigkeit ist keine Gabe, sie ist eine Errungenschaft. Und der dafür zu zahlende Preis ist beständiges, klug geleitetes Bemühen. Oh, wie wichtig ist es, ein Mensch mit »verständigem Herzen« zu sein.

Weiter im Süden, in Louisville, Kentucky, lebt ein Mann namens Cook praktisch ohne Beine und muss in einem Rollstuhl gefahren werden. Er ist Großindustrieller und Millionär und hat es ganz allein so weit gebracht. Er ist von Geburt an behindert. Das heißt, seine Beine sind von Geburt an behindert. In der Stadt New York rollt ein kräftiger, gesunder junger Mann im Vollbesitz seiner geistigen Kräfte, ohne Beine jeden Nachmittag mit einer Mütze in der Hand die Fifth Avenue hinunter und erbettelt seinen Lebensunterhalt. Dabei könnte dieser junge Mann genauso weit kommen wie Cook aus

Louisville – *wenn er nur so denken würde wie dieser.* Henry Ford besitzt mehr Dollarmillionen, als er jemals ausgeben kann. Vor gar nicht so vielen Jahren arbeitete er ungelernt in einer Werkstatt – mit wenigen Chancen und ohne jedes Kapital. An seiner Seite arbeiteten zahllose andere Menschen, die im Kopf zum Teil weit besser organisiert waren als er. Ford befreite sich vom Armutsbewusstsein und *dachte* sich erfolgreich. All seine Kollegen hätten es ihm gleichtun können, hätten sie so *gedacht* wie er.

Milo C. Jones aus Wisconsin war gelähmt. Ohne Hilfe konnte er sich nicht einmal im Bett umdrehen. Er konnte sich nicht bewegen. Seine Gliedmaßen waren praktisch nutzlos, doch sein Gehirn funktionierte einwandfrei. Also fing es an, richtig zu arbeiten – vielleicht zum ersten Mal in seinem Leben. Während er flach auf dem Rücken im Bett lag, ließ Jones sein Gehirn einen *konkreten* Plan erarbeiten. Dieser Plan war ziemlich einfach und bescheiden, aber es war *konkret* und ein Plan! Er beschloss, ins Wurstgeschäft einzusteigen. Er rief seine Familie zusammen, erklärte allen seine Pläne und wies sie an, sie auszuführen. Ohne andere Hilfsmittel als einen gesunden Geist baute Jones in weniger als zehn Jahren ein riesiges Wurstimperium auf – und ein großes Vermögen. Dies alles brachte er zuwege, als er schon gelähmt war und sich mit seinen Händen oder körperlicher Arbeit nicht mehr ernähren konnte.

Wo *gedacht* wird, entsteht Macht!

Die Menschen unterscheiden sich in erster Linie darin, wie sie ihren *Denkapparat* nutzen. Wer klug denkt, bricht Rekorde. Wer das nicht tut, verharrt sein Leben lang in Elend, Armut und Bedürftigkeit.

Henry Ford hat Millionen verdient, weil er sich diese Millionen zunächst vorgestellt und dann von sich selbst intelligenten Einsatz *verlangt* hat. Die anderen Maschinisten, die anfangs seine Kollegen waren, dachten dagegen nur an ihre wöchentliche Lohntüte – und zu mehr brachten sie es auch nicht. Sie verlangten sich nichts ab, das ihnen zu mehr als ihrem Wochenlohn verholfen hätte. Wenn Sie *mehr* wollen, sollten Sie mehr *verlangen* – aber machen Sie sich keine Illusionen: *Ansprüche müssen Sie grundsätzlich an sich selbst stellen.*

Schauen Sie sich Menschen an, die leiden, und informieren Sie sich über die Gefühle im menschlichen Herzen. Erkennen Sie, warum Menschen leiden. Finden Sie heraus, wie oft dies unnütz geschieht – und warum. Ermitteln Sie, wie viel Leid auf eigene Nachlässigkeit oder Unwissenheit zurückzuführen ist – und wie viel auf Ursachen, die sich nicht beeinflussen lassen.

Erfahren Sie, was im Herzen eines Kindes vorgeht, wenn es von einem brutalen Menschen unbarmherzig geschlagen wird – und, wenn es möglich ist, warum ein Erwachsener auf die Idee kommt, ein Kind zu schlagen.

Ergründen Sie, warum manche Menschen die Himmelstür für all jene verschließen wollen, die nicht ihrem Glauben oder ihrer Konfession angehören. Messen Sie deren Handlungen an Ihrer Vorstellung vom christlichen Glauben, und prüfen Sie, ob sie mit den Lehren des Herrn vereinbar sind. Lesen Sie die Bergpredigt, in der Sie die Goldene Regel finden, und ergründen Sie, warum so wenige Menschen glauben, dass es sich lohnt, dieses Prinzip anzuwenden.

Stellen Sie fest, was mit jemandem tief in seinem Herzen passiert, wenn er vorsätzlich oder durch widrige Umstände gegen die Regeln der Gesellschaft verstößt und ins Gefängnis kommt, wo er außer zu essen und atmen kaum noch persönliche Freiheiten genießt. Finden Sie heraus, ob ihn das zu einem besseren oder zu einem schlechteren Menschen macht. Und bringen Sie auch in Erfahrung, warum die meisten dieser Leute mit dem festen Vorsatz aus dem Gefängnis entlassen werden, mit jemandem »abzurechnen« für das, was sie erlitten haben.

Finden Sie heraus, warum Menschen wollen, was verboten ist.

ZWEITER TEIL

ERFOLG

Erfolg ist das beliebteste Wort im englischsprachigen Raum. Ein paar haben ihn, alle wollen ihn. Generell gilt ein Mensch als erfolgreich, wenn er alles hat, was er für sein körperliches und geistiges Wohlbefinden braucht, ohne dabei die Rechte seiner Mitmenschen verletzt zu haben. Doch sich selbst hält niemand wirklich für erfolgreich, weil niemand alles bekommt, was er sich wünscht. Es gibt stets noch etwas, was gerade so außer Reichweite ist und was der Betreffende gerne hätte, aber nicht erreicht. Vielleicht beruht diese menschliche Eigenheit auf einem der Gesetze, denen die Evolution folgt. Die beiden starken Triebe, die den Menschen voranbringen und motivieren, sind der Sexualtrieb und das Verlangen nach materiellem Besitz oder persönlicher Macht.

Keine Angst also, wenn *Sie* mit sich nicht zufrieden sind. Das trifft in gewisser Hinsicht auf uns alle zu. Andernfalls würden wir aufhören zu kämpfen und uns nicht weiterentwickeln.

Bei dieser Zeitschrift gaben wir uns anfangs mit der Hoffnung zufrieden, irgendwann 100.000 Leser zu haben – doch darüber wuchsen wir bald hinaus und erweiterten unsere Vision auf eine Million Leser. Das neu gegründete Vortragsbüro wird uns das Millionenpublikum leicht verschaffen, und dann zielen wir auf zwei oder gar drei Millionen ab.

Der menschliche Geist ist »sowohl furchtbar als auch wunderbar geschaffen«. Setzen wir uns in den Kopf, ein bestimmtes Ziel zu erreichen, konzentrieren wir uns darauf, und trauen wir es uns zu, dann eilen uns offenbar verborgene Kräfte zur Hilfe und unterstützen uns, bis wir es *geschafft haben*.

Jeder Erfolg ist das Ergebnis der richtigen Nutzung des eigenen Geistes. Körperliche Muskelkraft zählt *gar nicht*. Es kommt *allein* auf die Kraft des Geistes an. Die Eroberung der Lüfte durch das Fluggerät war eine bemerkenswerte Leistung – herbeigeführt durch Grips, nicht durch Muskeln. Das Fliegen existierte zunächst im Kopf des Erfinders, bevor es durch die physische Unterstützung eines Fluggeräts demonstriert wurde.

Bestandteile der Luft als Vehikel zu nutzen, um rund um die Welt kabellos Nachrichten zu übermitteln, war eine großartige Errungenschaft – und eine reine Geistesleistung.

Sie möchten Erfolg haben. Da kann es nicht schaden, zu wissen, dass *Ihr* Erfolg durch Einsatz Ihres Geistes herbeigeführt werden muss, und zwar vor allem durch Ihre Fantasie, mit der Sie konkrete Pläne fassen können, an denen sich Ihre physischen Handlungen orientieren.

In seltenen Fällen scheinen Menschen ohne eigenes Zutun mit Erfolg gesegnet – durch glückliche Zufälle. Doch unsere größten Erfolge sind dem organisierten Bemühen zu verdanken, das sich nach generalstabsmäßiger Planung richtet.

Um Ihren Geist zu organisieren, sind 15 Faktoren vonnöten, die im Vortrag über die magische Erfolgsleiter katalogisiert sind. Haben Sie diesen gehört oder in gedruckter Fassung gelesen, sollten Sie unbedingt analysieren, wie viele dieser 15 Faktoren Ihnen noch fehlen, und Ihren Geist mithilfe aller 15 Faktoren organisieren. Dann ist es nur noch ein kleiner Schritt zum *Erfolg*.

WIE IST ES UM IHR TAKTGEFÜHL BESTELLT?

Heute Morgen war ein Brief in der Post, in dem sich ein junger Mann bitterlich über uns beklagte. Er war in mein Büro gekommen, um sich um eine Stelle zu bewerben, doch es war ihm nicht gelungen, meine Assistentin zu überzeugen, ihn ins Allerheiligste vorzulassen.

Wir bewundern Hartnäckigkeit, doch ohne Takt und Diplomatie kann das eine gefährliche Sache sein. Wer etwas verkaufen will und gleich einen Streit mit dem potenziellen Käufer vom Zaun bricht, hat damit gewöhnlich jede Aussicht auf Erfolg im Keim erstickt.

Der Brief des enttäuschten Bewerbers enthielt zwei Seiten bissiger und bis zu einem gewissen Grad durchaus »kluger« Sätze, doch das soll nicht über den Umstand hinwegtäuschen, dass uns der Brief davon überzeugte, dass meine Assistentin fundiertes Urteilsvermögen bewiesen hat, indem sie den spontanen Besucher abwies. Ein Autor, der mit so spitzer Feder schreibt, wäre keine Bereicherung für diese Zeitschrift. Unbewusst hatte uns der junge Schreiber in seinem Protestbrief mehr über sich mitgeteilt, als er es in jedem persönlichen Gespräch hätte tun können – wäre er denn vorgelassen worden. Wir sprechen dies an, um darauf hinzuweisen, wie gefährlich es ist, seinem Zorn gewohnheitsmäßig freien Lauf zu lassen.

Das Denken ist die wichtigste Fähigkeit des Menschen. Seinen Gedanken Ausdruck zu verleihen, ist eines seiner wichtigsten Anliegen – sie zu verbreiten, sein kostbarstes Privileg.

Anpassungsfähigkeit: Die nötige Selbstbeherrschung, um sich an alle Umstände anpassen zu können, ist eine notwendige Voraussetzung für jede mehr als mittelmäßige Leistung.

Wer nicht bekommt, wonach es ihn verlangt, tut gut daran, diesen Fehlschlag seiner mangelnden Planungsfähigkeit oder seiner mangelnden Überzeugungskraft zuzuschreiben. Gar nicht gut daran tut er, wenn er – wie der Schreiber des besagten Briefes – seinen Misserfolg demjenigen anlastet, den er um eine Gefälligkeit ersuchen oder dem er etwas verkaufen wollte.

Ich bin weitaus stärker daran interessiert, geeignetes Material zu erwerben, um die Seiten dieser Zeitschrift zu füllen, als der Autor solchen Materials an einem Arbeitsplatz. Ich kann mich aber nicht entsinnen, dass ich je etwas unter Zwang eingekauft habe, oder um jemandem entgegenzukommen, der es verkaufen wollte.

»An Takt«, so ein altmodischer Südstaatler, »mangelt es den meisten Menschen.« Doch ohne Taktgefühl ist noch keiner zum erfolgreichen Verkäufer geworden – und wer sich nicht gut verkaufen kann, der bringt es auf der Welt nicht weit.

Der Autor des Briefes mag kluge Sätze schreiben, und sein Brief lässt vermuten, dass er vielleicht sogar ein bisschen zu schlau ist – doch ein kluger *Verkäufer* ist er nicht. Und wenn er nicht lernt, sein Produkt richtig zu vermarkten, dann wird er tonnenweise Papier und jede Menge Dachkammern brauchen, um seine Manuskripte aufzubewahren, denn sie werden sich nicht verkaufen. Das gilt übrigens auch für alle anderen persönlichen Leistungen.

Wir durchlaufen manches lange, magere und mitunter auch grausame Jahr mit dem Sammeln, Ordnen und Koordinieren von Fakten und Wissen – kurz: mit Lernen. Im Anschluss müssen wir uns dann noch ein paar Jahre im Verkaufen üben und versuchen, die Welt davon zu überzeugen, dass wir etwas wissen. Und wehe dem, der an diese »Überzeugungsaufgabe« ohne Takt und Diplomatie herangeht. Schon mancher hat sich die Chance seines Lebens vermasselt, indem er sich einmal oder zur falschen Zeit zu unverblümt geäußert oder seine Meinung zu arrogant oder zu offen kundgetan hat.

Würden wir über die Welt im Allgemeinen und uns bekannte Menschen im Besonderen immer schreiben, was wir wissen, wäre dies nicht länger eine *Zeitschrift der Goldenen Regel*, denn wir würden uns schneller Feinde machen, als wir sie abwehren könnten. Wir wissen natürlich, dass auf der Welt vieles im Argen liegt, doch wir haben uns entschieden, das Schlaglicht lieber auf das viele Gute zu richten, von dem wir erfahren, und diese Strategie erscheint uns solide, denn wir wachsen schnell und leisten den Menschen gute Dienste.

Wer stets nur darauf achtet, was ihm missfällt, dessen Lebensweg wird holprig sein. Je mehr Sie Ihren Unmut zeigen, desto mehr Freude wird es den Menschen machen, ihn zu erregen.

Wer an seinem Taktgefühl arbeitet, macht nichts falsch!

WAS EINE FÜHRUNGSKRAFT WERT IST

Der Vertriebsleiter eines jungen Unternehmens wurde auf der Basis eingestellt, 50.000 Dollar im Jahr zu verdienen. Ein ihm unterstellter Vertriebsmitarbeiter erhob dagegen Einspruch, weil er nur halb so viel erhalten konnte.

Es hat schon immer eine Nachfrage nach Leuten gegeben, die für Topgehälter Führungsposten übernehmen und ihr Gehalt praktisch selbst bestimmen können – und es wird sie immer geben. Solche Menschen sind nicht aufzuhalten. Es ist tatsächlich äußerst schwer, eine echte Führungspersönlichkeit von einer vernünftigen Aufgabe abzubringen, die sie sich vorgenommen hat.

»Die jungen Männer haben heute eine ganz andere Einstellung zu Frauen und Ehe. Sie neigen zu Einfachheit und Offenheit, wünschen sich wechselseitiges Vertrauen, sind bereit, über Probleme zu sprechen und möchten verstehen und verstanden werden.«

– Havelock Ellis

Carnegie wurde zum Multimillionär, weil er Menschen mit Führungskompetenzen auswählte und ihnen bei der Bezahlung keine Grenzen setzte. Dasselbe Prinzip machte Schwab zu einem der mächtigsten Männer in der Stahlbranche. Vielleicht hätte Schwab ja ein paar Jahre zuvor Eugene Grace (heute Präsident der Bethlehem Steel Company) für 50.000 oder gar 25.000 Dollar pro Jahr anheuern können, doch er übertrug Grace lieber alle Aufgaben, die er übernehmen wollte, und ließ ihn sein Einkommen selbst bestimmen.

Wer begriffen hat, dass es keine gute Strategie ist, Menschen, deren Leistung man einkaufen möchte, auf einen möglichst niedrigen Betrag zu drücken, ist ein kluger Chef. Weit besser ist es, Menschen auszuwählen, die in bestimmten Bereichen noch unterentwickelte Kapazitäten haben, ihnen genügend Verantwortung zu übertragen und sie dann so gut zu bezahlen, dass man das Beste aus ihnen herausholt.

50.000 Dollar im Jahr ist nicht zu viel für die Leistung eines effizienten Mitarbeiters, der den Einsatz von hundert oder mehr anderen intelligent und zufriedenstellend leiten und ihnen unter seiner Anleitung dazu verhelfen kann, das Fünf- bis Zehnfache ihres bisherigen Lohns zu verdienen.

WIE KANN ICH MEINE LEISTUNG VERKAUFEN?

Der Markt für persönliche Leistung ist der größte Markt der Welt. Schließlich verkauft fast jeder seine Leistung.

Uns erreichte der Brief eines jungen Anwalts, der wissen wollte, wie er sich einen Mandantenstamm aufbauen kann, ohne durch direkte Werbung gegen berufsethische Grundsätze zu verstoßen. Hier ein Auszug aus unserer Antwort, der vielleicht auch für Sie interessant sein dürfte:

»Ich habe selbst vor rund 14 Jahren als Anwalt angefangen. Ich weiß daher, wie schwierig Ihre Situation ist. An Ihrer Stelle würde ich versuchen, mich als öffentlicher Redner zu profi-

lieren und meine Arbeit so gut zu machen, dass es der Presse zwangsläufig auffallen muss. Ich würde versuchen, herauszufinden, welche Themen den Menschen am meisten am Herzen liegen, und mich zu einer Autorität für diese Fragen entwickeln.

Ein guter Redner wird stets Beachtung finden, hohes Ansehen genießen und überall willkommen sein. Die Zeitungen können ihn nicht ignorieren, selbst wenn sie es möchten. Dies ist eine der effektivsten Methoden, sich beruflich einen Namen zu machen, und wer taktvoll und kompetent so vorgeht, wird bald feststellen, dass sich die Menschen bei ihm die Klinke in die Hand geben.«

Lernen Sie also unbedingt, für sich einzutreten und sich öffentlich zu Wort zu melden. Haben Sie etwas zu sagen, werden Sie bald feststellen, dass Ihre Leistungen gefragt sind, ganz gleich in welcher Branche – vielleicht sogar so sehr, dass Sie die Nachfrage gar nicht befriedigen können.

GLEICH UND GLEICH GESELLT SICH GERN

In der Märzausgabe unserer Zeitschrift widmeten wir die Titelseite einer Lobrede auf Dr. Robert K. Williams, der dies unserer Ansicht nach mehr als verdient hat. Nun revanchiert sich Dr. Williams nicht nur, indem er seinerseits uns lobt, er geht sogar noch weiter und leistet uns einen Dienst, dessen Wert wir nicht in Dollar und Cent bemessen können, der aber ausgesprochen hoch ist.

Hätten wir die Titelseite genutzt, um auf eine Schwäche von Dr. Williams hinzuweisen, hätte er *das* vermutlich ignoriert. 99 Prozent der Menschen hätten uns aber Rache geschworen. Auch

Dr. Williams revanchierte sich – aber in gleicher Münze. Das tun in aller Regel die meisten Menschen. Schlagen Sie einen anderen ins Gesicht, dann wird er es Ihnen, wenn er nicht sofort zurückschlägt, bei der erstbesten Gelegenheit auf die eine oder andere Weise heimzahlen. Äußern Sie sich dagegen positiv über jemanden, wird er das früher oder später auch für Sie tun. Wer weiß, wie die Menschen ticken, kann jeden dazu bringen, praktisch alles zu tun, was man ihm abverlangen kann, indem er dem Betreffenden zunächst eine ähnliche Gefälligkeit erweist.

Wir kennen einen Werbefachmann, der 25.000 Dollar im Jahr verdient. Er räumt offen ein, dass er die meisten seiner Ideen und seine gesamte Inspiration von einem Mann bezieht, der nur 2000 Dollar im Jahr verdient.

Wer dieses Gesetz kennt und nicht anwendet, beraubt sich selbst der größten Kräfte, die er für sich arbeiten lassen könnte. Sie können de facto die geistige Energie anderer, mit denen Sie in Kontakt kommen, zu Ihrem Vorteil nutzen – vorausgesetzt Sie machen den *richtigen* Schritt, und zwar *als Erster*.

So mancher Mensch geht durchs Leben, als trüge er ein unsichtbares Schild auf dem Rücken mit der Aufschrift »*Bitte ordentlich zutreten*«, und dass nur, weil er andere unbewusst und womöglich ohne jede Absicht irritiert und dazu veranlasst, ihm eins auszuwischen. Ein glücklicher Mensch ist dagegen, wer nur wenige Feinde hat – vorausgesetzt er ist in der Lage, sich durch ihre Augen zu sehen. Gewöhnlich ist der Blick eines feindlich gesinnten Menschen zwar etwas getrübt, doch wenn Sie zuhören, was so ein Mensch über Sie zu sagen hat, können Sie zweifellos etwas erfahren, das Ihnen hilft, sich zu verbessern.

Das Gesetz der Vergeltung ist ausgesprochen real. Die Zeitschrift, die Sie in Ihren Händen halten, ist ein fantastisches Beispiel dafür, was durch das Gesetz der Vergeltung zu erreichen ist, wenn es konstruktiv und nutzbringend eingesetzt wird. Auf diesen Seiten haben wir immer wieder nette Dinge über viele verdiente Menschen geäußert und ausschließlich positive, erbauliche Gedanken verbreitet, um die Leute dazu anzuregen, effektiver zu arbeiten und mehr zu leisten.

All die Menschen, die unsere Texte gelesen haben, haben sie uns vergolten – gewöhnlich, indem sie das Interesse anderer geweckt haben, unsere Zeitschrift zu abonnieren, sodass unsere täglich eingehenden Abonnementanträge inzwischen mehrheitlich unaufgefordert kommen, ganz ohne Kosten.

Es zahlt sich aus, sich positiv über andere zu äußern – nicht nur in Form persönlicher Zufriedenheit, die sich stets im Überfluss einstellt, sondern auch in klingender Münze. Wir danken Dr. Williams für die geleisteten Dienste und *allen, die gelesen haben, was wir über ihn zu berichten hatten.*

DER DIENER IST SEINES LOHNES WERT

Seit wir unser Vortragsbüro betreiben, wissen wir noch genauer, dass der Diener seinen Lohn wert ist.

Unsere Vortragsredner rekrutieren wir mehrheitlich aus zwei Quellen: der Kirche und den Schulen und Hochschulen. Es ist hinlänglich bekannt, dass weder die Kirchen noch die Schulen ihren Pfarrern beziehungsweise Lehrern so viel bezahlen, dass sie sich von ihrem Gehalt alles Lebensnotwendige leisten können – von Luxusgütern ganz zu schweigen. Zu unserem Rednerstab zählen Geistliche, die über 25 Jahre lang im Dienst der Kirche standen. Viele von ihnen haben Kinder, die in der Ausbildung stehen, verdienen aber nicht genug, um ihnen die Vorteile zu sichern, die die besten Schulen bieten. Verständlich, wenn ein Geistlicher sein Engagement so kanalisiert, dass er auch davon leben kann. Der Selbsterhaltungsinstinkt ist tief in uns verwurzelt, und ein Diener der Kirche unterscheidet sich insofern nicht von anderen Dienstleistern, als er seine Familie angemessen versorgen und gleichzeitig etwas für die Tage zurücklegen möchte, wenn er nichts mehr leisten kann.

> *»Freundschaft ist der reinste Segen Gottes für uns. … Sein Herz in zehn oder zwölf Teile zu teilen, fällt nicht schwer und ist ausgesprochen süß und liebenswert.«*
>
> – George Sand

Unser Vortragsbüro hat verschiedene der kompetentesten Repräsentanten des Bildungssystems und manche der fähigsten Geistlichen gewinnen können. Das ist einerseits ein Kompliment an unser Unternehmen und andererseits eine Rüge an alle, die Lehrern und Geistlichen nicht genug bezahlen, um ihre weltlichen Bedürfnisse zu erfüllen. Sollte *Ihr* Pfarrer nächsten Sonntag von der Kanzel verkünden, er habe beschlossen, aus dem Dienst Ihrer Kirche auszuscheiden und sich unserem Vortragsbüro anzuschließen, sollten Sie das sich und Ihren Gemeindemitgliedern zum Vorwurf machen, nicht dem Geistlichen. Ihn treibt womöglich das Anliegen, auf breiterer Ebene anderen zu dienen und seine Familie auf diesem Weg etwas großzügiger zu versorgen. Wollen Sie Ihre Geistlichen und Lehrer halten, ist die oberste Prämisse, ihnen zu zahlen, was sie wert sind – oder zumindest annähernd so viel, wie sie in anderen Tätigkeitsfeldern verdienen könnten. Wer das nicht tut, wird ihre Dienste früher oder später verlieren, so viel steht fest.

Der gleiche Grundsatz gilt auch entsprechend in der Wirtschaft und in der Industrie. Hat ein Betrieb einen außergewöhnlich effizienten Mitarbeiter, ob in einer Führungsposition oder als Tagelöhner, sollte sichergestellt werden, dass er leistungsorientiert entlohnt wird.

Idealistische Menschen, wie es die meisten Geistlichen sind, erbringen ihre Dienste eine Zeit lang ohne jeden Gedanken an die Vergütung. Wirtschaftlicher Druck und wachsende Familien sowie steigende Lebenshaltungskosten wirken aber zusammen und zwingen sie letztlich, sich ein lukrativeres Betätigungsfeld zu suchen.

Der Diener ist seinen Lohn wert. Zahlen Sie diesen, bevor es die Konkurrenz tut.

DRITTER TEIL

FÜHRUNG

Es folgt der kürzeste Leitartikel, den ich je verfasst habe. Dennoch enthält er einen meiner wichtigsten Gedanken: Bevor Sie sich nehmen können, was Sie Erfolg nennen, müssen Sie eine gleichwertige Leistung geben. Sie dürfen davon ausgehen, dass Ihnen die Welt zurückgibt, was Sie von Ihnen bekommt – ob effiziente oder mangelhafte Dienste, Nörgelei oder gute Laune. Haben Sie diesen Grundsatz erst verinnerlicht, und bedienen Sie sich seiner richtig, werden Sie noch im kommenden Jahr größere Erfolge als je zuvor verbuchen können.

In einer Großstadt brach in einer Fabrik ein Feuer aus. Hunderte junger Frauen, die in den oberen Geschossen arbeiteten, waren vom Tode bedroht. Das gesamte Erdgeschoss stand in Brand, und die Flammen loderten an den Feuertreppen empor und schnitten damit die Fluchtwege ab.

Draußen drängten sich die Menschen und warteten auf die Feuerwehr. Unter ihnen war ein ganz besonderer junger Mann. Er erfasste die Situation, maß rasch mit seinen Augen die Entfernung zwischen der brennenden Fabrik und dem Nachbarhaus und begann dann, als habe er die Autorität dazu, die Umstehenden herumzukommandieren. In wenigen Minuten hatte er sechs kräftige Männer zusammengetrommelt.

Er ging voran, und sie folgten ihm auf das Dach des angrenzenden Gebäudes. Auf dem Weg nach oben hatte er nach einem Seil gegriffen. Seine sechs Helfer hatten eine Plakatwand heruntergerissen, zerlegt und trugen die Bretter auf das Dach des Nebenhauses. Der selbsternannte Anführer warf einer Frau am Fenster des brennenden Gebäudes ein Ende des Seils zu und wies sie an, es fest anzubinden. Dann kletterte er auf das Seil und zog ein Brett hinter sich her. Seine sechs Helfer schoben ihm die Bretter zu, die sie nach oben getragen hatten, und bald spannte sich eine stabile Brücke von einem Haus zum anderen. Als die Feuerwehr eintraf, war bereits ein Drittel der Menschen aus der brennenden Fabrik außer Gefahr.

Den jungen Mann musste keiner auffordern, die Initiative zu ergreifen.

Führung kommt selten auf Aufforderung. Dazu muss sich schon jeder selbst motivieren. Jedes Unternehmen benötigt kompetente

Führungspersonen. Das sind Menschen, die bereit sind, das Nötige zu tun, ohne dass man es ihnen erst sagen muss.

Ein Mann, der dabeigestanden und zugeschaut hatte, wie die Flammen die Frauen in dem brennenden Haus bedrohten, sagte später über den Vorfall: »Ach, das war halb so wild. Hätte jeder gekonnt, der es versucht hätte.« Ganz recht – jeder hätte sich die ruhmreiche Führungsstellung sichern können. Er hätte nur aufstehen und loslegen müssen. Tatsächlich hat aber nur *einer* aus der Menge diese Chance wahrgenommen und war bereit, das damit verbundene *Risiko einzugehen.*

Führung bedeutet Verantwortung, so viel ist richtig. Doch die Aufgaben, die einem Menschen die größte Verantwortung aufbürden, werden meistens auch am besten bezahlt.

Wo immer es etwas zu tun gibt, bieten sich Ihnen Führungschancen – zunächst vielleicht nur im bescheidenen Rahmen, doch wenn Sie sie routinemäßig nutzen, wird aus Ihnen ein bald ein mächtiger, handelnder Mensch, der für größere Führungsaufgaben ausersehen wird. Ein Blick in frühere Epochen und Zeiten verrät, dass Führungskompetenz schon immer die Qualität war, die Menschen zu Größe verhalf: Washington, Lincoln, Patrick Henry, Foch, Roosevelt, Dewey, Haig und Woodrow Wilson – sie alle waren echte Führungspersönlichkeiten.

***Wir* müssen etwas *sein*, bevor wir etwas *tun* können, und wir können nur so viel tun, wie wir *sind*. Und was wir *sind*, hängt davon ab, was wir *denken*.**

Keiner der genannten Männer wurde dazu aufgefordert, die Führung zu übernehmen. Sie griffen aus eigenem Antrieb nach dem Ruder. Nicht einer von ihnen hat oben angefangen, die meisten sogar ziemlich weit unten. Doch sie gewöhnten sich an, zu tun, was nötig war, *ob es ihre Aufgabe war oder nicht – und ob sie dafür bezahlt wurden oder nicht.*

Gehören Sie der großen Mehrheit an, die entschlossen ist, grundsätzlich nichts zu tun, was nicht zu ihren Aufgaben gehört und wofür sie nicht bezahlt wird, besteht keine Hoffnung, dass Sie sich eine Führungsposition erarbeiten.

Es ist nur ein paar Jahre her, da war Frank A. Vanderlip noch Stenograf. Wir können es zwar nicht mit Sicherheit sagen, gehen aber davon aus, dass er sich bei seiner Arbeit nicht auf seine Aufgaben als Stenograf beschränkt hat – denn dann wäre er nicht der Finanzmagnat geworden, der er heute ist.

James J. Hill war Telegrafist. Hätte er sich jedoch strikt an die von der Gewerkschaft vorgegebenen Arbeitszeit gehalten und nur die Leistungen erbracht, die zur Erfüllung seiner Aufgaben erforderlich waren, wäre aus ihm nie ein großer Eisenbahnbauer geworden.

Führungsqualität – welch großartiges Privileg, sie zu besitzen! Was für fantastische Chancen sich in jedem Geschäft, in jeder Fabrik, in jedem Lebensmittelladen an der Ecke und in jedem Unternehmen bieten, Führungspositionen zu übernehmen, einfach, indem man tut, was getan werden muss – ob mit oder ohne Anweisung.

VIERTER TEIL

DIE MACHT DES WEITBLICKS

Einmal bin ich mit anderen in die Berge gefahren, um Kastanien zu sammeln. Wir hatten einen Vierlitereimer dabei, um die Kastanien zu transportieren. So einen Eimer voll Kastanien hatten wir uns vorgestellt und waren folglich darauf eingerichtet, nur so viele Kastanien nach Hause zu bringen und nicht mehr. Doch als wir in die Berge kamen, lagen dort Kastanien in rauen Mengen herum. Wir mussten sie dort liegenlassen, weil wir unseren Ausflug so kurzsichtig geplant hatten. In den Folgejahren musste ich oft an unseren Kastanienausflug zurückdenken. Wir hätten ohne Weiteres statt des Vierlitereimers einen 25-Kilo-Sack voller Kastanien zurückbringen können, hätten wir vor der Abfahrt mehr »Weitblick« bewiesen.

Bei jedem Neuanfang kommt mir seither die Erfahrung mit den Kastanien in den Sinn, denn ich weiß, dass die meisten Menschen den gleichen Fehler machen wie wir und nicht mit dem nötigen Weitblick planen.

Die Planung bezüglich unseres Hauptziels aus den vergangenen Jahren offenbart, dass wir nie mehr erreicht haben, als wir uns vorgenommen hatten. Und ich bezweifle stark, dass wir mehr hätten schaffen können, als ursprünglich anvisiert.

***Glückliche* zufriedene Mitarbeiter spiegeln in aller Regel nur die Gemütslage der Geschäftsleitung wider.**

Ab und an zieht ein ungewöhnlich ehrgeiziger Zeitgenosse mit mehr Gefäßen als nötig zum Kastaniensammeln los, doch generell ist es umgekehrt. Dasselbe gilt für die Planung einer beruflichen Karriere oder beim Aufbau eines Unternehmens oder bei der Aus- und Weiterbildung.

Es kommt vor, dass man weniger erreicht als geplant – doch mehr erreicht man *nie*. Sie werden nie mehr Waren verkaufen, nie in irgendeinem Beruf berühmter werden, nie höher im Ansehen Ihrer Mitmenschen stehen als ursprünglich anvisiert. Es erscheint daher lohnenswert, die eigenen Visionen hier und da etwas zu erweitern und großzügiger abzustecken.

Vermutlich werden Sie als Branchenneuling oder Berufsanfänger nicht alle Möglichkeiten überblicken, die sich Ihnen bieten, wenn Sie die ersten Pläne schmieden, doch mit der Zeit können Sie Ihre Vision dann erweitern und Ihre Ziele höher stecken.

Die Macht des Weitblicks sollten Sie unbedingt für sich nutzen. Sie ist die einzige Kraft auf der Welt, die einem Menschen dabei hilft, sich in allen Lebenslagen aus der Mittelmäßigkeit herauszuheben. Mögen die Schicksalsgötter mit allen sein, die nicht über diese Macht verfügen, weil sie sie nicht kultiviert und ihr Wachstum und ihre Entwicklung nicht gefördert haben.

Ein Mensch ohne den Weitblick, seiner Vision mehr Raum zu geben, höhere Zahlen anzupeilen oder größer zu denken, ist mit einem Pferd vergleichbar, das gebrochen und angeschirrt wurde, um als Zugpferd zu dienen. Ein Grund, weshalb so ein Pferd nie versucht, seinem unglücklichen Los zu entkommen, ist sein Mangel an Weitblick. Es nimmt sein Schicksal ergeben an und kommt nie auf den Gedanken, dass es kein Mensch auf der Welt bezwingen könnte, würde planen, sich aus dem Geschirr zu befreien.

Viele Menschen auf dieser Welt – insgesamt sicherlich viele Millionen – sind wie angeschirrt an mittelmäßige, deprimierende, zermürbende Tätigkeiten gebunden, von denen sie kaum leben können – nur weil sie keinen *Weitblick* haben. Doch wenn dies auch nur annähernd zutrifft, ist es wirklich ein Armutszeugnis für unser Bildungssystem. Wenn der einfache Prozess, den eigenen Blick weiter nach vorne zu richten, um sich höhere Ziele zu stecken, wirklich etwas bringt, dann ist es eine erbärmliche Schande, dass dieser Umstand nicht an jeder Bildungsstätte weltweit viel deutlicher vermittelt wird.

Vielleicht messe ich diesem Thema zu viel Bedeutung bei. Vielleicht räume ich ihm auf der Liste der Eigenschaften, über die man verfügen muss, um in dieser Welt Erfolg zu haben, zu hohe Priorität ein. Doch ich habe für meine Ansichten ausgesprochen solide Gründe. Seit 22 Jahren, seit ich in der Welt auf eigenen Füßen stehe, habe ich mit besonderem Interesse wahrgenommen, welche Erfahrungen mir am meisten dabei geholfen haben, meinen Lebensunterhalt zu sichern. Das brachte mich zwangsläufig zu dem Schluss, dass Weitblick und die Fähigkeit, die Erwartungen an sich selbst höher zu stecken, nicht nur *erstrebenswerte* Eigenschaften sind, sondern *notwendige*.

Sie mögen noch nie von dem Vorfall gehört haben, der dazu führte, dass ich die schlecht bezahlte Arbeit in der Kohlegrube hinter mir lassen konnte. Falls doch, bitte ich um Nachsicht, wenn ich ihn hier noch einmal für all jene schildere, die ihn noch nicht kennen. Dieser Vorfall ereignete sich vor rund 22 Jahren. Kein Ereignis in meinem ganzen Leben hatte für mich nachhaltigere Auswirkungen als dieses, denn es löste die Idee von der Macht des *Weitblicks* in mir aus.

Eines Abends saß ich nach einem harten Arbeitstag am Feuer und erzählte von meinem tollen neuen Job, der mir einen Dollar am Tag einbrachte. Ich war sehr stolz darauf. Ein Dollar pro Tag war für einen Jungen meines Alters eine Menge Geld – mehr, als ich je zuvor gesehen hatte oder mein eigen nennen durfte.

In meinem jugendlichen Enthusiasmus und Überschwang sagte ich etwas, was dem älteren Herrn zu denken gab, mit dem ich mich unterhielt. Er langte zu mir herüber, packte mich fest an der Schulter – so hart, dass ich beinahe vor Schmerzen aufgeschrien hätte –, schaute mich eindringlich an und sagte: »Du bist doch ein kluger Junge. Würdest du zur Schule gehen und eine Ausbildung machen, *könntest du etwas auf der Welt bewirken!*«

Zum ersten Mal in meinem Leben hatte mich jemand als »klug« bezeichnet und mir gesagt, dass ich »etwas auf der Welt bewirken könnte«. Bis zu diesem Zeitpunkt hatte ich nie weiter gedacht als bis 2,50 Dollar pro Tag. Ich bekam 1,00 Dollar am Tag für meine Arbeit, hoffte aber, irgendwann so viel zu verdienen wie manche der älteren Männer. Mein »Weitblick« beschränkte sich damals auf einen Tageslohn von 2,50 Dollar. Kein Gedanke daran, dass aus mir jemals etwas anderes werden könnte als ein Bergarbeiter.

Mit seinen Worten gab mir der nette alte Herr einen Impuls. Mir war das nicht sofort klar, doch als ich mich schlafen gelegt hatte, ging es mir immer wieder durch den Kopf. Ich musste unwillkürlich an den Glanz in den Augen des alten Herrn denken, als er mir diesen Satz gesagt hatte. Sein gesamtes Verhalten hatte mir irgendwie vermittelt, dass er da nicht von etwas Unmöglichem sprach.

Darin, die Macht über die eigenen Gedanken zu haben, besteht das Geheimnis allen Fortschritts auf dieser Welt, und diese Macht, steht auch *Ihnen* zur Verfügung. Sie müssen Sie nur ausüben.

Es war diese Bemerkung, die mich dazu brachte, den Blick weiter nach vorne zu richten, über das Bergwerk hinaus, in dem wir arbeiteten. Sie veranlasste mich dazu, über die Grenzen des Dorfes hinauszublicken, in dem wir Bergarbeiter lebten – bis zu einem Dorf, in dem es eine Schule gab. Vor allem aber säte sie in meinem Kopf Gedanken, die aufgingen und Früchte trugen. Diese konnte ich ernten und seit diesem denkwürdigen Abend vor 22 Jahren an so viele andere weitergeben.

Dieser Leitartikel und die Zeitschrift, die Sie in Händen halten, lassen sich direkt auf das zweiminütige Gespräch zurückführen, das mir meinen ersten Eindruck von der Macht des Weitblicks vermittelte.

Falls Sie in Ihrem Leben mit vielen Dingen unzufrieden sind, was denkbar ist, dann zahlt sich die Zeit, die Sie auf die Lektüre dieses Artikels verwendet haben, sicherlich aus, wenn Sie unverzüglich damit anfangen, Ihren *Blick* deutlich *weiter nach vorne zu richten.* Ihre Vision sollte spürbar ehrgeiziger werden als bisher – und bis zu der Position oder Stellung im Leben reichen, die Sie anstreben. Nicht vergessen: Was Sie erreichen können, wird eindeutig dadurch bestimmt, wie weit Sie blicken.

Benötigt ein moderner Industriebetrieb mehr Platz, wird sich eine solide, progressive Geschäftsleitung unverzüglich darum kümmern und die Anlagen entsprechend ausbauen. Dasselbe müssen Sie hinsichtlich Ihrer persönlichen Anstrengungen tun, wenn Sie im Leben mehr erreichen möchten als Ihre bisherige Stellung.

Unzufriedenheit mit dem eigenen Los ist eine normale, gesunde Reaktion. Darin zu verharren, ohne zu versuchen, weiterzusehen oder Mittel und Wege zu finden, sich weiterzuentwickeln, ist aber nicht normal und spricht nicht für eine gesunde geistige Verfassung.

Eines der Hauptziele dieser Zeitschrift besteht darin, ihre Leser dazu zu bringen, größer, weiter und progressiver zu denken. Wir können nichts Nützlicheres für Sie tun, als Ihnen zu helfen, selbst etwas *für sich* zu tun.

Suchen Sie sich ein ruhiges Plätzchen. Nehmen Sie sich ein paar Minuten Zeit für eine persönliche Bestandsaufnahme. Stellen Sie fest, ob Sie Ihr Wissen erweitern, mehr Selbstvertrauen entwickeln, weiter blicken, sich schwierigere Aufgaben stellen und mehr von sich erwarten als noch vor einem Jahr. Wenn nicht, ist das ein Alarmsignal.

Misserfolge sind segensreich, weil sie uns oft dazu veranlassen, innezuhalten, hinzuschauen und *nachzudenken.* Sie lassen uns häufig Schwächen oder Mängel erkennen, die wir nie an uns vermutet hätten. Ich bin besonders dankbar für die Fehler, die ich in den letzten 22 Jahren gemacht habe, und dafür, dass manches Unterfangen fehlgeschlagen ist, das meine Bemühungen andernfalls in Bahnen gelenkt hätte, die für die Nachwelt weniger lohnenswert gewesen wären als meine jetzige Tätigkeit.

Viele unserer Fehler belasten vorübergehend andere, und alle schaden *unmittelbar* uns selbst, doch solche Fehler und Misserfolge zahlen sich trotzdem aus, weil wir jedes Mal mit mehr Weitblick daraus hervorgehen.

Feuer ist gewöhnlich zerstörerisch, doch jeder weiß, dass so manche Feuersbrunst einer Stadt erst zu echtem Wachstum verholfen hat. So ein Brand vernichtet alte, heruntergekommene Gebäude. Das ist für viele eine schlimme Sache. Manche sind gar nicht versichert, andere nicht ausreichend. Unter dem Strich ist das Feuer aber ein Segen, weil die Eigentümer die alten Häuser durch neuere, schönere ersetzen, die das Stadtbild verändern und den Wert der Immobilien steigern.

So mancher braucht den reaktionären Effekt eines mit so einem Brand vergleichbaren Fehlschlags, der mit alten, überholten, unzulänglichen Plänen aufräumt, die ihn bremsen, und ihm Gelegenheit gibt, seinen Blick zu weiten und neuere, fortschrittlichere und schönere Pläne zu entwickeln, die weiterführen.

Vor einiger Zeit saß ich in meinem Büro in Dallas, Texas. Über den Flur sah ich einen ausgesprochen sympathisch wirkenden jungen Mann auf mich zukommen – offensichtlich ein Vertreter. Am Empfang wurde er aufgehalten, doch ich ließ ihn zu mir durchwinken. Als er in meinem Büro Platz genommen hatte, sagte ich zu ihm: »Ich weiß nicht, was Sie verkaufen, und vermutlich habe ich kein Interesse daran, aber Sie besitzen etwas sehr Wertvolles: ein einnehmendes Wesen.«

Der junge Mann bedankte sich und erzählte mir, er verkaufe elektrische Fußwärmer für die Dallas Electric Light Company. Ich erklärte ihm, ich bräuchte keinen, da ich selten unter kalten Füßen litt, empfahl ihm aber, lieber etwas zu verkaufen, an dem er pro Abschluss mehr verdienen konnte. Ich erklärte ihm, mit seinem Wesen und dem Selbstvertrauen, das er ausstrahlte, könne er im Grunde alles verkaufen. Der junge Mann war keine fünf Minuten in meinem Büro, doch die haben sicherlich sein Leben verändert. Er bedankte sich für das Kompliment und ging.

Drei Wochen später suchte mich der Manager der Elektrikabteilung der Dallas Electric Light Company auf. Er erzählte mir, ich sei schuld daran, dass er einen seiner besten Mitarbeiter verloren habe. Auf meine Nachfrage erfuhr ich, dass der junge Mann, der übrigens Brown hieß, an jenem Tag schnurstracks ins Büro zurückgegangen war, seinen Vertreterkoffer zurückgegeben und sich einen besser bezahlten Job gesucht hatte, in dem er sich gut machte.

Ich versicherte meinen Besucher, dass ich zwar bedauerte, der Grund dafür zu sein, dass er einen guten Mann verloren habe, doch ich stolz darauf sei, dass Brown begriffen hatte, was »Weitblick« wert ist.

Damals saß gerade Stuart Austin Wier aus Dallas bei mir im Büro und bekam das Gespräch mit. Nachdem mein Besucher gegangen war, fragte mich Wier: »Was für eine Spritze haben Sie diesem Brown denn verpasst?«

Ich entgegnete: »Dieselbe, die ich gern jedem Menschen auf der Welt verabreichen würde, der es im Leben nicht so gut erwischt hat und auf eine Arbeit angewiesen ist, die ihm keinen Spaß macht und nicht viel einbringt.«

Think and Grow Rich – Deutsche Ausgabe

Napoleon Hill

Über einen Zeitraum von mehr als 20 Jahren interviewte der blutjunge Napoleon Hill mehr als 500 Millionäre, unter ihnen die mächtigsten und einflussreichsten Persönlichkeiten seiner Zeit wie Thomas Edison, Alexander Graham Bell, Henry Ford, John D. Rockefeller oder Theodore Roosevelt.

Herausgekommen ist eine ebenso zeitlose wie überzeugende Anleitung für persönlichen Erfolg, in der Napoleon Hill zeigt, wie man in nur 13 Schritten sein Leben verändern kann – das womöglich wichtigste Finanzbuch, das jemals geschrieben wurde. Nun ist erstmals die vollständige und ungekürzte Ausgabe von 1937 auf Deutsch erhältlich.

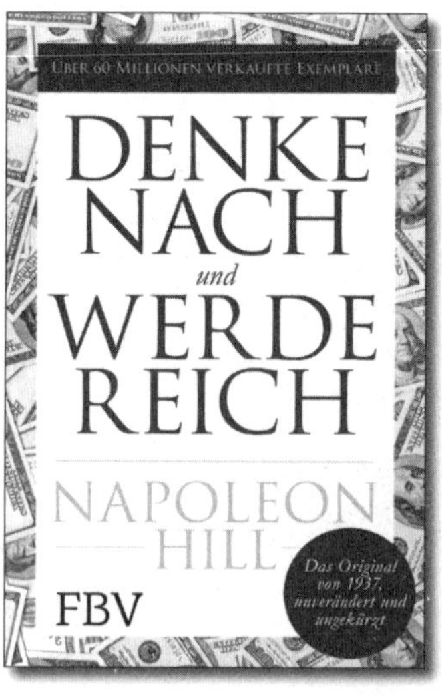

320 Seiten | Softcover | 14,99 € (D) | 15,50 € (A) | ISBN 978-3-95972-171-4

Die 5 essenziellen Prinzipien aus Think and Grow Rich

Napoleon Hill

Zu Beginn des letzten Jahrhunderts interviewte Napoleon Hill über einen Zeitraum von mehr als 25 Jahren etwa 500 Millionäre, um der Formel für ihren Reichtum auf die Spur zu kommen. Unter ihnen waren die mächtigsten und einflussreichsten Persönlichkeiten seiner Zeit. Herausgekommen ist mit Think and Grow Rich eine ebenso zeitlose wie überzeugende Anleitung für persönlichen Erfolg – und das womöglich wichtigste Finanzbuch, das jemals geschrieben wurde.

Mit dem vorliegenden Buch erscheint erstmals die Essenz derjenigen Prinzipien, die sich als die Schlüsselfaktoren auf dem Weg zu Reichtum und Erfolg herausgestellt haben. In fünf Lektionen lernen Sie, wie Sie Ihr Leben verändern und die faszinierenden Kräfte des menschlichen Geistes entfalten können.

128 Seiten | Softcover | 9,99 € (D) | 10,30 € (A) | ISBN 978-3-95972-201-8

Der geheime Weg zu Freiheit und Erfolg

Napoleon Hill

Ob Geld, Ruhm, Macht, Zufriedenheit, Sicherheit oder Glück, jeder von uns hat persönliche Ziele – und jeder hat diesen Teufel in sich, der sich in Gestalt von Angst, Hinauszögern, Wut oder Eifersucht zeigt und uns an der Verwirklichung des einen oder anderen Ziels hindert. Napoleon Hill erklärt Ihnen, wie Sie diesen Teufel besiegen und mithilfe Ihres Verstandes Ihre Träume verwirklichen können.

Dieses Buch verdeutlicht Ihnen, wie Sie Ängste bezwingen, Hindernisse wirksam überwinden und in diesem Prozess nicht nur sich selbst, sondern auch Ihr Umfeld bereichern können – scharfsinnig, kraftvoll und erkenntnisreich.

256 Seiten | Softcover | 16,99 € (D) | 17,50 € (A) | ISBN 978-3-95972-079-3